海洋 探索未知事物
EXPLORATION 引领孩子走进海洋世界

ZHANGYU TANMI

章鱼探秘

陶红亮 主编

海洋出版社

2025年·北京

图书在版编目（CIP）数据

章鱼探秘 / 陶红亮主编． -- 北京：海洋出版社，2025．1． -- ISBN 978-7-5210-1414-3

Ⅰ．Q959.216-49

中国国家版本馆 CIP 数据核字第 2024YR6327 号

海洋探秘

章鱼探秘 ZHANGYU TANMI

总 策 划：刘　斌	发行部：（010）62100090
责任编辑：刘　斌	总编室：（010）62100034
责任印制：安　淼	网　　址：www.oceanpress.com.cn
整体设计：童　虎·设计室	承　　印：侨友印刷（河北）有限公司
	版　　次：2025 年 1 月第 1 版
	2025 年 1 月第 1 次印刷
出版发行：海洋出版社	
	开　　本：787mm×1092mm　1/16
地　　址：北京市海淀区大慧寺路 8 号	印　　张：10
100081	字　　数：180 千字
经　　销：新华书店	定　　价：59.00 元

本书如有印、装质量问题可与发行部调换

海洋探秘

| 顾　问 |

金翔龙　李明杰　陆儒德

| 主　编 |

陶红亮

| 副主编 |

李　伟　赵焕霞

| 编委会 |

赵焕霞　王晓旭　刘超群

杨　媛　宗　梁

| 资深设计 |

秦　颖

| 执行设计 |

秦　颖　孟祥伟

前言

在地球上，海洋总面积为 3.6 亿平方千米，大约占地球表面积的 71%。海洋中生活着很多的生物，数量多到令人难以想象。它们不仅能为人类提供丰富的蛋白质，还可以为人类的制药业等提供原材料，同时还具有维持整个生态平衡的作用。让孩子们认识海洋和海洋生物，意识到保护海洋和海洋生物的重要性，从而养成保护海洋和海洋动物的习惯，是很有必要的。

本书是为孩子精心打造的海洋科普图书。书中图文并茂，语言轻松活泼，浅显易懂，可以让孩子更加直观地感受海洋的魅力和大自然中每一个生物令人叹为观止的生命力。读完这套书后，孩子们就会明白，保护海洋和海洋生物其实就是保护我们人类自己。

全世界的海洋中大约有 250 种章鱼，并且大小不一，太平洋巨型章鱼是体型最大的章鱼，其周长一般在 5~6 米，体重可达 50 千克。世界上最大章鱼纪录的保持者是一只周长为 9.1 米、体重达 272 千克的太平洋巨型章鱼。

章鱼是地球上与人类差异最大的生物之一。它们有 3 个心脏，2 个记忆系统（一个是大脑记忆系统，另一个记忆系统与触腕上的吸盘相连。）其大脑里有超过 5 亿个神经元，这种独特的神经构造使章鱼具有超过一般动物的思维能力。它们的身体还有非常敏感的化学和触觉感受器。它们与人类唯一相似的地方就是那双很发达的眼睛。章鱼的眼睛的复杂程度与人类相当，这使它们能在漆黑的深海中发现猎物。

章鱼是软体动物，唯一硬的地方就是"牙齿"。它们被人类称为外星神秘生物，是小说中的深海怪兽，还是未知恐惧的代名词……

本书是一本关于章鱼的百科全书，共有6个章节，全面透彻地介绍了章鱼生物学和生态学方面的知识，并附有数百张高清彩色图片。每个章节按照不同的主题组织内容，配有导语、海洋万花筒、奇闻轶事、开动脑筋等栏目，让人们了解关于章鱼的一切，如章鱼有几条腿？章鱼的种类有哪些？章鱼和乌贼、鱿鱼之间的区别在哪里？章鱼有"牙齿"吗？章鱼是高智商生物吗？等等。在这本书中，你都能找到答案。

本书将带领人们走进神秘的章鱼世界。其对章鱼分门别类地详细介绍，既能让人们获得关于章鱼的科普知识，还能得到美的享受。阅读本书，犹如为人们打开了一扇章鱼的知识之窗，同时，在阅读之后培养人们以行动实现人与自然和谐共存愿景的意识。

目录
CONTENTS

Part 1 | 章鱼身体真奇怪

2/ 章鱼的身体构造
8/ 章鱼的眼部结构
12/ 章鱼的血是蓝色的
18/ 万能腕的秘密
24/ 死里逃生玄机何在
30/ 软体章鱼也有坚硬部位

Part 2 | 章鱼生存本领强

38/ 海底建筑师
44/ 夜幕下的海底"猎人"
50/ 守株待兔妙捕双壳贝
56/ 放"烟幕弹"逃生

Part 3 | 章鱼的成长和繁殖

64/ 章鱼不可思议的繁殖方式
70/ 章鱼的成长与捕猎

Part 4 | 各种各样的章鱼

78/ 太平洋巨型章鱼
80/ 蓝环章鱼
84/ 拟态章鱼
86/ 烙饼章鱼
87/ 小猪章鱼
88/ 斑点豹纹蛸

CONTE

Part 5 | 章鱼的远亲

92/ 乌贼大家族
96/ 小飞象章鱼
98/ 枪乌贼的种类大全
102/ 伞膜乌贼
103/ 吸血鬼乌贼
104/ 大王酸浆鱿
108/ 虎斑乌贼
109/ 鱿鱼并非鱼

Part 6 | 关于章鱼的趣闻

116/ 章鱼"恶名"的由来
122/ 章鱼的奇闻趣事
126/ 由章鱼带来的灵感
132/ 章鱼有两套记忆系统
138/ 章鱼超乎想象的智力
144/ 不可不知的章鱼明星们

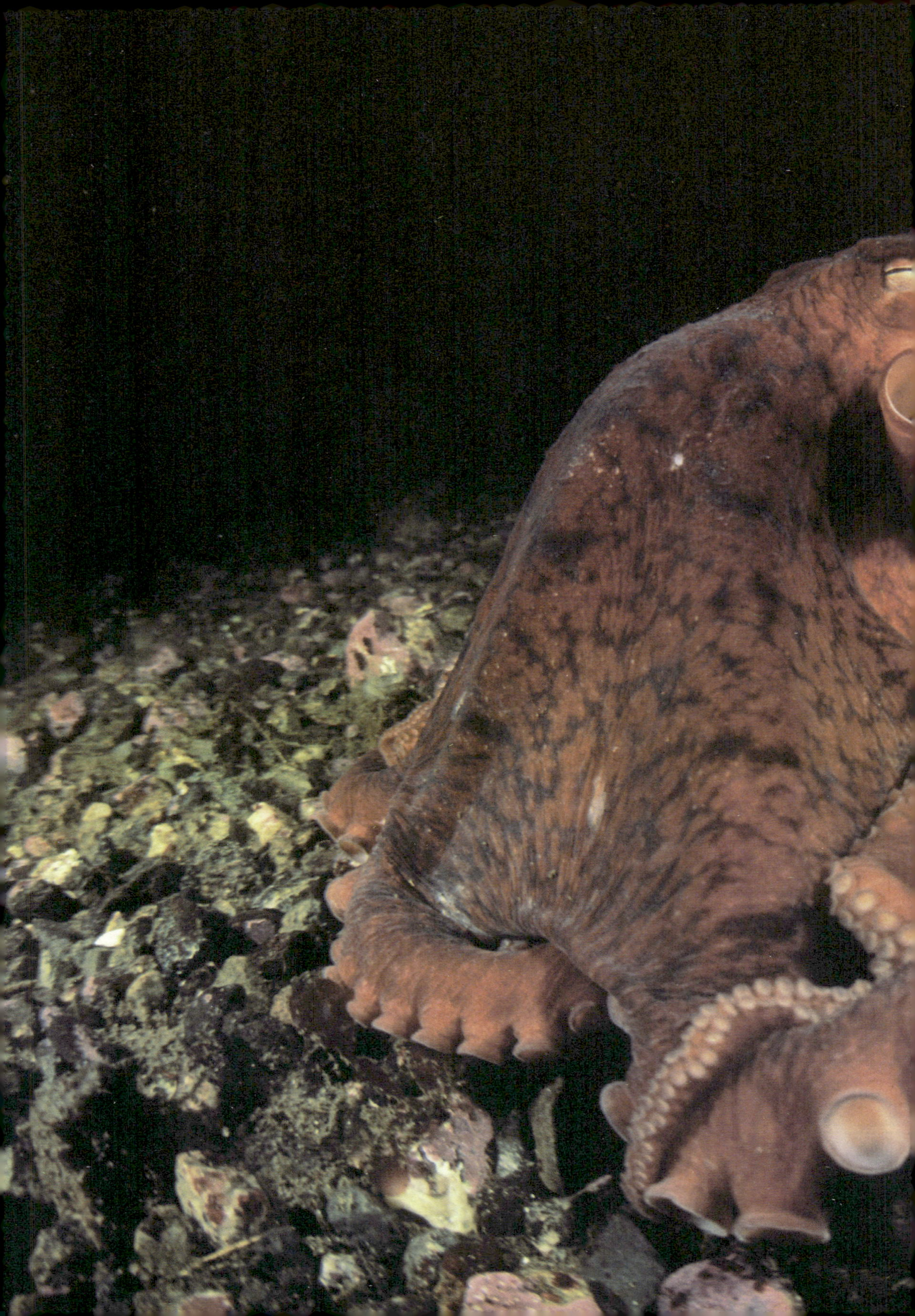

Part 1
章鱼身体真奇怪

章鱼并不是鱼,而是一种温带性软体动物,它的头上有大的复眼,还有8条可以收缩的触腕。章鱼借助腕间膜伸缩来游动,平时还可以用这些触腕来爬行。它还可以改变自身的身体构造和颜色,有时把自己伪装成一束珊瑚,有时又把自己装扮成一堆闪光的砾石,然后突然扑向猎物。章鱼跟乌贼在体貌上很相似,但是乌贼只有两条触腕,这和章鱼完全不同。

Part 1 章鱼身体真奇怪

章鱼的身体构造

章鱼的身体构造非常独特，以至于有人称章鱼是来自外星的生物。章鱼不像我们常见的那些动物，它有3颗心脏、9个大脑，还有可以再生的触腕，这些身体结构都超出了我们的想象。或许是这些独特的身体构造，让章鱼变得诡计多端，因此，它也是一位捕猎高手。

仿佛外星生物的章鱼

章鱼是地球上与人类差异最大的生物之一。它唯一与人类相似的地方就是那双很发达的眼睛，其他方面与人类有很大不同。章鱼有3颗心脏、2个记忆系统（一个是大脑记忆系统，另一个记忆系统与触腕上的吸盘相连）。章鱼的大脑里还有超过5亿个神经元，这种独特的神经构造使章鱼具有了超过一般动物的思维能力，它的身体还有非常敏感的化学和触觉感受器。

神奇的大脑

章鱼拥有一个神奇的大脑，它的大脑分为中央大脑和分布式大脑。中央大脑大约有 2 亿个神经元，而我们人类的大脑大约有 1000 亿个神经元，看起来虽然差距很大，但是章鱼还有分布式大脑，那就是大约 亿个神经元分布在 8 条触腕里的大脑。章鱼自小就没有父母教它生活技能，完全依靠自学而独立生活，而且终身都是一边学习一边生活。

章鱼的 3 颗心脏

跟大部分动物相比，章鱼的心脏十分奇特，它有 3 颗心脏。这 3 颗心脏是不同的，其中一颗心脏相当于人类以及其他动物的那种唯一的心脏，另外两颗心脏是不同的"鳃心脏"，这两颗心脏类似于人类的肾部。不过叫作"体心脏"，这颗心脏，鳃心脏的主要功能有两个：一个是供血，另外一个是将身体产生的废物过滤。体心脏可以说是章鱼身体最核心的部分，它的主要功能就是供血，而且是给全身供血，以此为章鱼提供充沛的活力。

3

Part 1 章鱼身体真奇怪

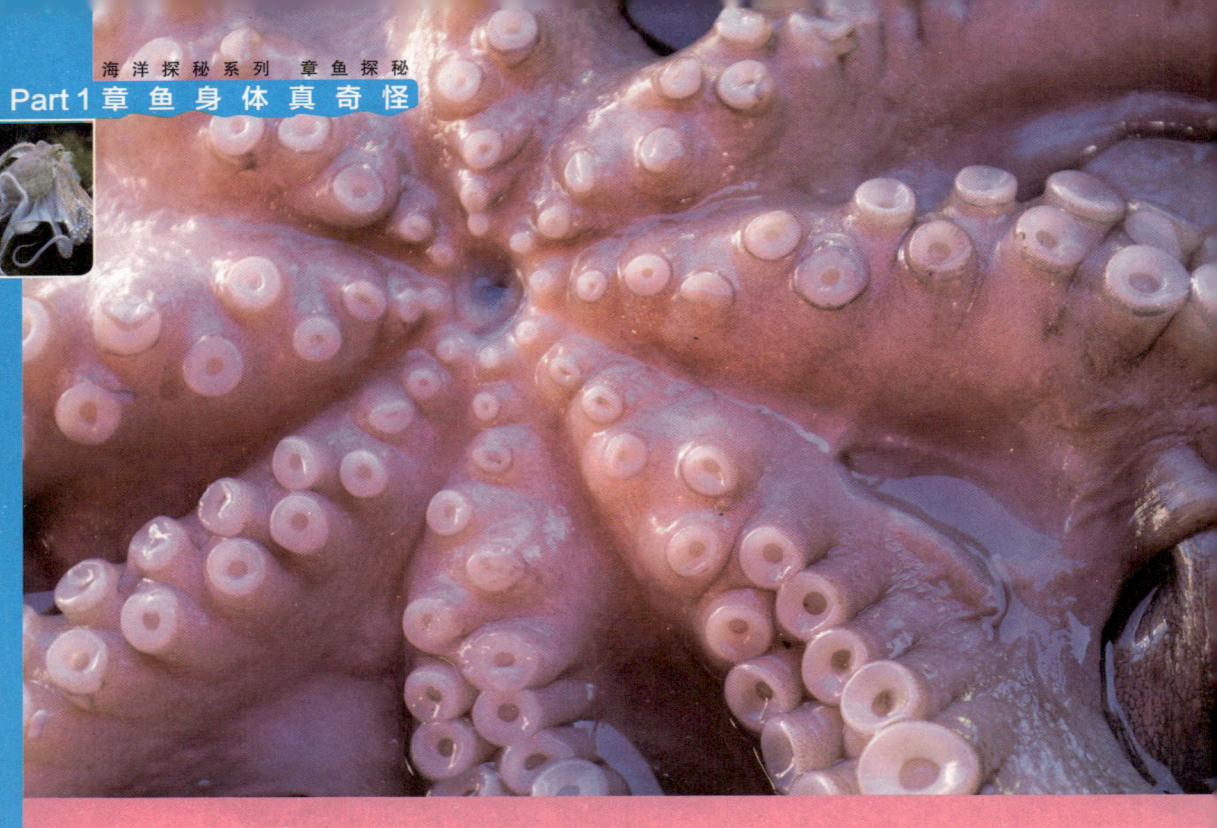

海洋探秘系列 章鱼探秘

章鱼的吸盘

章鱼的吸盘非常神奇，它们能够各自独立地抓握和移动物体，还可以"品尝"周围水的味道。章鱼的吸盘分布在8条触腕上，每条触腕上都有300多个吸盘，吸盘就好像小拔火罐，当吸盘器壁的发达肌肉收缩时，吸盘腔变小，腔底活塞状的结节抬起，使吸盘口紧紧地贴在猎物身上。然后，吸盘的所有肌肉很快放松，这会引起"活塞"复原，使吸盘内腔增大，内部压力急剧减小，吸盘就将猎物牢牢地吸住了。

章鱼的触腕

章鱼拥有8条触腕，这8条触腕可以各自行动，无须大脑运算、指挥。大约有3亿个神经元分布在这8条触腕上，只要大脑下达一个命令，这8条触腕就能够自己"思考"解决问题。

章鱼的外套膜

章鱼的外套膜是多肌肉质的，其中包括放射肌与环肌。外套膜在身体的背面与体壁相连，腹面游离，与内脏之间的空间形成外套腔。由足部衍变成的漏斗位于身体腹面躯干的前端，它也是肌肉质结构，漏斗的前端比较细长，开口指向前端，漏斗后端可以伸入外套腔中，漏斗后端的两侧有一软骨凹陷与外套膜腹缘前端的软骨突，形成一个闭锁器以封闭外套腔的开口。

海洋万花筒

外套膜是一种膜状物，它是软体动物、触腕动物以及尾索动物覆盖体外的身体组织。外套膜与内脏团之间，与外界相通的空腔称外套腔，因多数水生种类外套腔中有鳃，故也称鳃腔。其中，软体动物的外套膜背缘与内脏团背面的上皮组织相连，由内外两侧表皮和中央的结缔组织以及少数的肌纤维所构成。乌贼的外套膜为圆锥形，章鱼的外套膜为囊状。

海洋探秘系列 章鱼探秘

Part 1 章鱼身体真奇怪

章鱼的鹦鹉喙

　　章鱼的嘴其实是"喙",平时藏在触腕中间,好像是和鹦鹉的嘴一样的,同样的嘴还有乌贼的。章鱼的鹦鹉喙是它身体中唯一坚硬的部位,可以用来切碎食物,底部为齿舌,可帮助吞咽食物、刮取微小的食物颗粒。章鱼喜欢吃虾、蟹等甲壳类食物。也有一些种类的章鱼以浮游生物为食。

奇闻轶事

　　章鱼是会睡觉的,它们有两种主要的交替睡眠状态,即活跃睡眠和安静睡眠。在活跃睡眠期间,章鱼会改变自己的皮肤颜色和质地,还会一边移动眼睛,一边收缩吸盘和身体的肌肉抽搐。在安静睡眠期间,章鱼会静止不动,皮肤苍白,眼瞳收缩成一条缝。

章鱼的"漏斗"

章鱼有一个短漏斗状的体管，它将水吸入外套膜，受惊时会从体管喷出水流，喷射的水力十分强劲，产生的推动力将自己迅速地向反方向移动。漏斗还可以释放黑色"烟幕弹"，当章鱼遇到危险时，就会喷出墨汁似的物质，作为烟幕，掩护自己逃离危险之地。由于漏斗的位置在前方，所以章鱼都是采用后退的方式逃跑。

海洋万花筒

睡觉中的章鱼可能会做短暂的梦，章鱼的活跃睡眠时间很短，只能持续几秒到1分钟不等，所以，章鱼的梦可能不会有复杂的情节。

开动脑筋

1. 章鱼和哪种动物在体貌上很相似？
2. 章鱼有几条触腕？
3. 章鱼有几颗心脏？有什么不同？
4. 章鱼的两种大脑分别叫作什么？

章鱼的排泄

章鱼作为有肛门的高等软体动物，它们是有屁股的，所谓的"屁股"其实是章鱼腹面的一个肉质的圆锥形管状构造，被称为漏斗。章鱼直肠的末端——肛门，也与漏斗相连接，在喷水的同时，顺便把体内的粪便和代谢物排出。

参考答案：
1. 乌贼
2. 8条
3. 3颗心脏
4. 中央大脑和外周大脑

Part 1 章鱼身体真奇怪

章鱼的眼部结构

　　章鱼眼睛的复杂程度与人类相当，它们可以在漆黑的深海中毫无压力地发现猎物。章鱼是软体动物，可是跟有脊椎的人类相比，它们的眼睛在解剖学上也酷似人眼。不同的是，章鱼的视网膜是"正贴"的。章鱼的感光细胞就朝向光线进入的方向，而血管、神经纤维等都位于感光部位的后方。这些神经是直接连到大脑，无须穿透视网膜再绕路回大脑。这不但使神经回路更短，视网膜被这些神经纤维拉住也不会那么轻易脱落了。因此，章鱼的眼睛不会有盲点、眼底出血、视网膜脱落等问题。

章鱼的眼睛很高级

　　章鱼有一双很高级的眼睛，有角膜、晶状体、虹膜和视网膜，可以聚焦成像。这可以让它在漆黑的海水里看见猎物，而鱼类的眼睛只能看到较近的物体。也就是说，章鱼这种头足类动物，却拥有类似于脊椎动物的眼睛，而且还有着比人类眼睛更加完美的结构。

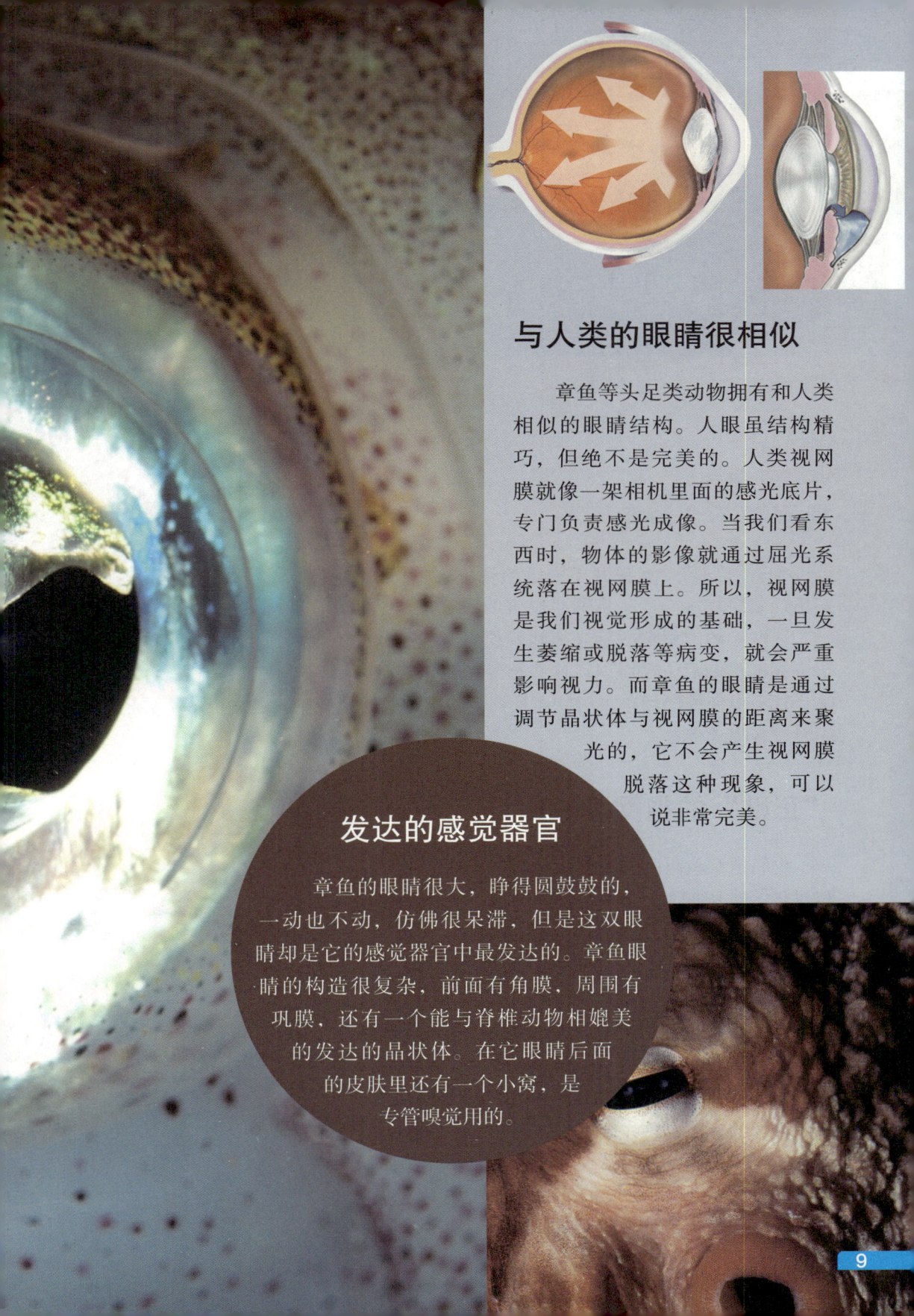

与人类的眼睛很相似

章鱼等头足类动物拥有和人类相似的眼睛结构。人眼虽结构精巧，但绝不是完美的。人类视网膜就像一架相机里面的感光底片，专门负责感光成像。当我们看东西时，物体的影像就通过屈光系统落在视网膜上。所以，视网膜是我们视觉形成的基础，一旦发生萎缩或脱落等病变，就会严重影响视力。而章鱼的眼睛是通过调节晶状体与视网膜的距离来聚光的，它不会产生视网膜脱落这种现象，可以说非常完美。

发达的感觉器官

章鱼的眼睛很大，睁得圆鼓鼓的，一动也不动，仿佛很呆滞，但是这双眼睛却是它的感觉器官中最发达的。章鱼眼睛的构造很复杂，前面有角膜，周围有巩膜，还有一个能与脊椎动物相媲美的发达的晶状体。在它眼睛后面的皮肤里还有一个小窝，是专管嗅觉用的。

Part 1 章鱼身体真奇怪

视网膜不会脱落

人类的眼睛会有视网膜脱落的现象，一旦视网膜脱落，就会影响视力，然而，章鱼的眼睛却不会产生视网膜脱落的现象，这是为什么呢？这是因为章鱼的视网膜是"正贴"的。章鱼的感光细胞就朝向光线进入的方向，而血管、神经纤维等都位于感光部位的后方。所以，这些神经是直接连到大脑，无须穿透视网膜再绕路回大脑。这不但使神经回路更短，而且视网膜被这些神经纤维拉住，也就不会轻易脱落，同时没有视觉盲点了。

"正贴"的视网膜

我们把章鱼眼睛的视网膜称为"正贴"，这是相对于人类眼睛的"反贴"而言的。人眼的视网膜可以大致分为3层，分别是感光细胞层、双极细胞层和节细胞层。感光细胞是用来直接接收光学信号的，它自然应该朝向光线来的方向。而节细胞既然负责把双极细胞处理过的神经信号传输到大脑，那自然应该背着瞳孔的方向而朝向大脑的一面。但是实际情形却恰恰相反，节细胞层对着光线来的方向，感光细胞层背着光线来的方向，因此把人类的眼睛称为"反贴"。而章鱼的眼睛却是"正贴"的，"正贴"的好处就是没有视觉盲点，也不会出现视网膜脱落等现象。

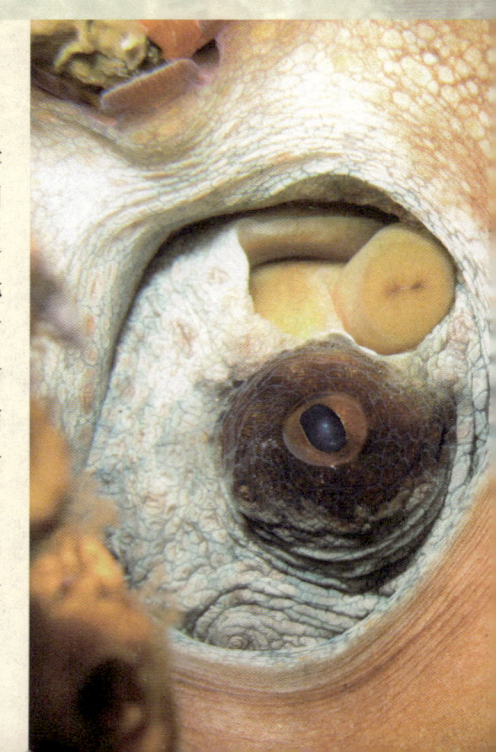

章鱼可以看到多彩的世界吗

章鱼的眼睛很高级，与人类的眼睛很相似。人类眼睛的视网膜由3部分组成，分别是感光细胞层、双极细胞层和节细胞层。很巧的是，章鱼的视网膜也是由这3部分组成。

既然如此，那章鱼可以和人类一样看见多彩的世界吗？目前，还没有科学家能证明章鱼有这样的视觉能力。但对于"章鱼到底是依靠视力来捕捉猎物，还是依靠触腕来捕捉猎物"的这一问题，有科学家做了实验，并根据实验猜测章鱼可能是以触腕和眼睛两者一起结合的方式来进行捕食。

奇闻轶事

对于一些动物而言，眼睛并不是心灵的窗户，而是形体中的一个摆设。如蝙蝠，它就不是依靠眼睛来看前方的物体，而是依靠发射信号感应前方是否有障碍物的。

开动脑筋

1. 章鱼的眼睛为什么没有盲点？
2. 章鱼眼睛的视网膜是倒装的吗？
3. 章鱼的眼睛为什么跟人类的眼睛很相似？

Part 1 章鱼身体真奇怪

章鱼的血是蓝色的

章鱼的血液是蓝色的，这跟我们日常所见到的动物血液完全不同。人类和其他脊椎动物的血液都是红色的，因为血红素中含有铁离子，而血液的颜色主要取决于红细胞中金属的含量，还有溶解在血液中的物质的含量。章鱼的血液里含有铜元素，使章鱼血液变蓝的叫作血蓝蛋白。正是有了这些不同的元素，才让章鱼拥有了与众不同的蓝色血液。

奇特的蓝色血液

地球上所有生物的血液都有颜色，这是因为溶解在血液中的物质的含量所带来的改变。章鱼的身体里没有血红素，而是有含金属铜的血蓝蛋白，正是这些血蓝蛋白使章鱼的血液呈蓝色。

章鱼的血蓝蛋白

使章鱼血液变蓝的叫血蓝蛋白，里面含有铜元素。蝎子、蜘蛛、河蚌、鲎、乌贼等动物的血液中也有含金属铜的血蓝蛋白，所以它们的血液也是蓝色的。血蓝蛋白是一种血源性蛋白，含有与等量氧原子结合的铜原子，被输送到章鱼身体的各个部分，并为其身体组织供氧。有时，即使章鱼所处的环境很难获取到氧气，血蓝蛋白也能保证章鱼得到稳定的氧气供应。

海洋万花筒

软体动物体内有真体腔与假体腔并存，而且假体腔更广泛地存在于器官组织的间隙，其中充满血液，被称为血窦。由于血窦的存在，大多数软体动物为开管式循环系统，这与它们的运动缓慢有一定的关系。

Part 1 章鱼身体真奇怪

独特的血液循环系统

章鱼属于头足纲动物，跟鹦鹉螺、乌贼、柔鱼等头足纲动物一样，不仅有蓝色血液，而且还拥有独特的循环系统。这种循环系统被称为闭管式循环系统，这也是软体动物中唯一具有闭管循环的一类。所谓的闭管式循环系统，就是各血管以微血管网相连，血液始终在血管内和心脏里流动；由背血管、腹血管、心脏和遍布全身的毛细血管网组成一个封闭的系统，不流入组织间的空隙中，其循环速度快、运输效能高。

血液的循环方式

章鱼、乌贼等头足纲动物的围心腔中有一个心室，心室连接着前、后两条大动脉。由它们分别向前、后运行、分支，以毛细血管进入组织细胞之间。头部和身体前端的血液汇集成前大静脉；身体后端和外套膜及内脏的血管汇集形成后大静脉，前、后大静脉的两支汇合进入鳃心，完成气体交换后，经出鳃血管再流入心耳与心室。如此完成血液循环。

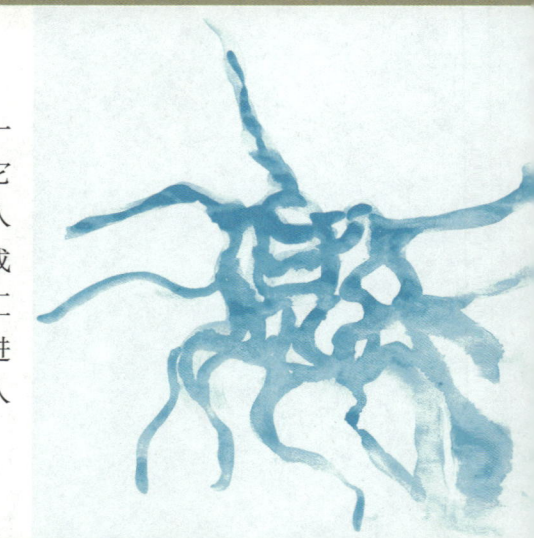

其他颜色的血液

海洋中并不仅仅章鱼有蓝色血液，还有其他血液颜色各异的生物。例如，大王乌贼、马足蟹，它们的血液也与章鱼一样呈蓝色。海蛸和墨鱼的血液为绿色，这是因为里面含有钒元素。还有一种鱼叫作冰鱼，它的血液呈黄色；在南极海洋中，有些鱼的血液呈半透明的白色；甚至还有一种叫扇螅虫的动物血液的颜色可以随意变化，这都是根据运输血液的元素来变化的。

海洋万花筒

章鱼能够像最灵活的变色龙一样，改变自身的颜色和构造，变得如同一块覆盖着藻类的石头，然后突然扑向猎物，而猎物根本没有时间意识到发生了什么事情。章鱼能利用灵活的触腕在礁岩、石缝及海床间爬行，有时把自己伪装成一束珊瑚，有时又把自己装扮成一堆闪光的砾石。

海洋探秘系列 章鱼探秘

Part 1 章鱼身体真奇怪

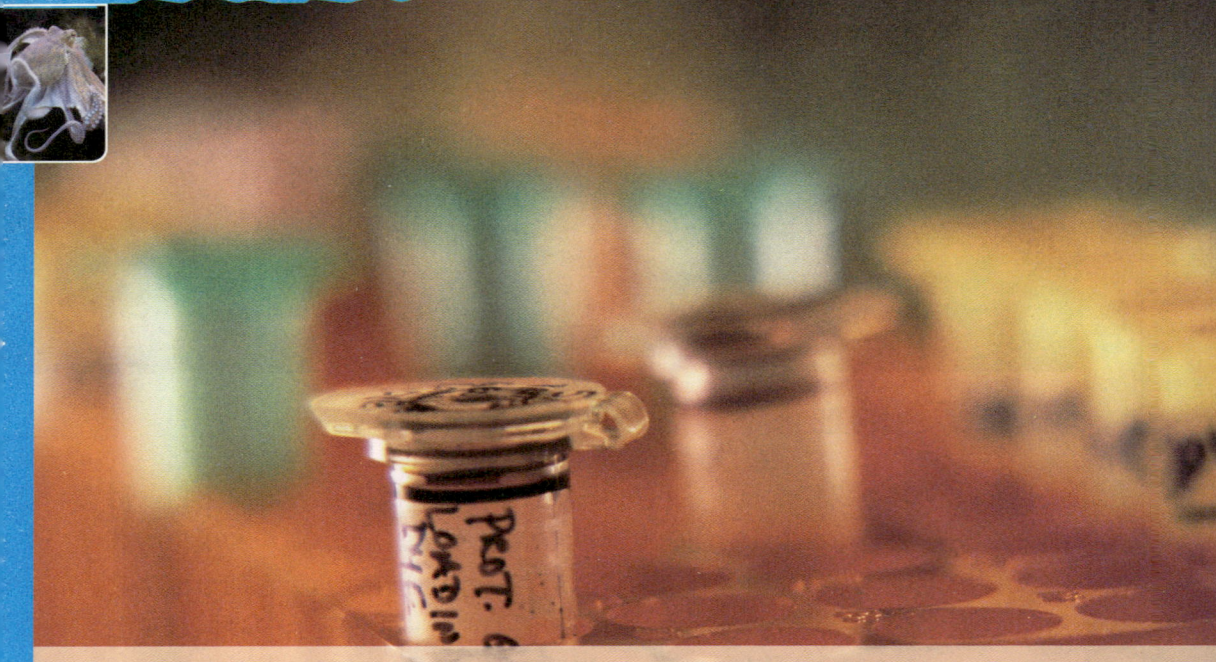

蓝血会比红血好吗

　　使血液变红的叫作血红蛋白，因为里面含有铁元素；使血液变蓝的叫作蓝蛋白，因为里面含有铜元素。那么这两种血液有什么不同，哪一种更好一些呢？血红蛋白与血蓝蛋白的功能都是运送氧气，相对而言，血蓝蛋白运送氧气的效率要比血红蛋白低，就进化论而言，血红蛋白更好一些。

奇闻轶事

　　在意大利那不勒斯水族馆进行过这样的测试：把一只章鱼和一只虾隔开，经过一夜的"思考"，这只章鱼想出了一个办法，成功地越过了那道分开它和那只美味大虾的隔板。对于章鱼来说，"个人主义"是它们的根本问题。章鱼是一种孤僻成性的动物，所以它们不能通过观察自己同类的行为来进行学习，这和其他哺乳动物身上的障碍一样。

血蓝蛋白的功能

　　章鱼、鲎等动物都是蓝色血液，它们血液里的血蓝蛋白具有能量储存、抗菌等功能，可以确保它们在极端的环境下存活。在19世纪50年代，科学家们在鲎的灰蓝色血液中发现了一种凝血剂，称为鲎试剂，它可以与菌类、内毒素类物质发生反应，并在这些入侵物周围凝结出一层厚厚的凝胶。科学家由此利用鲎试剂来检测药品和医疗用品中是否含有杂质。而鲎并不会因为血液提取而死去，而是在采集的当天就会被放生。

海洋万花筒

　　动物血液的色彩是多种多样的，除了红色之外，还有蓝色、绿色和白色等。除了人及脊椎动物的血液是红色的外，大王乌贼、鱿鱼的血液是蓝色的，贝类中的河蚌、蚬等的血液是浅蓝色的，虾、螃蟹等的血液是青色的，海蛸、墨鱼、蜘蛛等的血液是绿色的。

开动脑筋

1. 章鱼的血液为什么是蓝色的？
2. 还有哪些动物的血液是蓝色的？
3. 闭管式循环系统和开管式循环之间的区别是什么？

参考答案：
1. 血液中的血蓝蛋白与氧分子结合，使血液呈蓝色。
2. 鲎、虾、蟹等。
3. 血液始终在血管内流通不流入到组织间隙中，称为闭管式循环系统，血液有部分时间流入到组织间隙中的为开管式循环。

Part 1 章鱼身体真奇怪

万能腕的秘密

章鱼身体上最明显的特征就是它那8条超能的触腕了。这可不是普通的手脚功能的触腕,它有许多不为人知的秘密。在章鱼的每条触腕中,都存在一定数量的神经元,因此每条触腕都可以"思考",既能各自独立行动,又能合作共事。每条触腕下面还隐藏着300多个小吸盘,既可以吸附在物体上,也可以吸住猎物,让它们不能逃脱。甚至走路、生育后代这些事情,也是通过这些触腕来完成的。

触腕上的神经元

章鱼的大脑有5亿多个神经元,而8条触腕里分布着多达3亿个神经元。这样,就让这8条触腕有了思考的能力。如果中央大脑发布了一个命令,这些触腕就能依据这个命令各自行事,具体应该怎么做,由触腕自己去决定,这就是分布式大脑。这是一种很神奇的功能,也可以说,这是章鱼的独门绝技,地球上再找不到具有这样功能的动物了。因此,许多人怀疑章鱼是来自外星球的生物,因为跟地球生物比起来,它有太多的不一样。

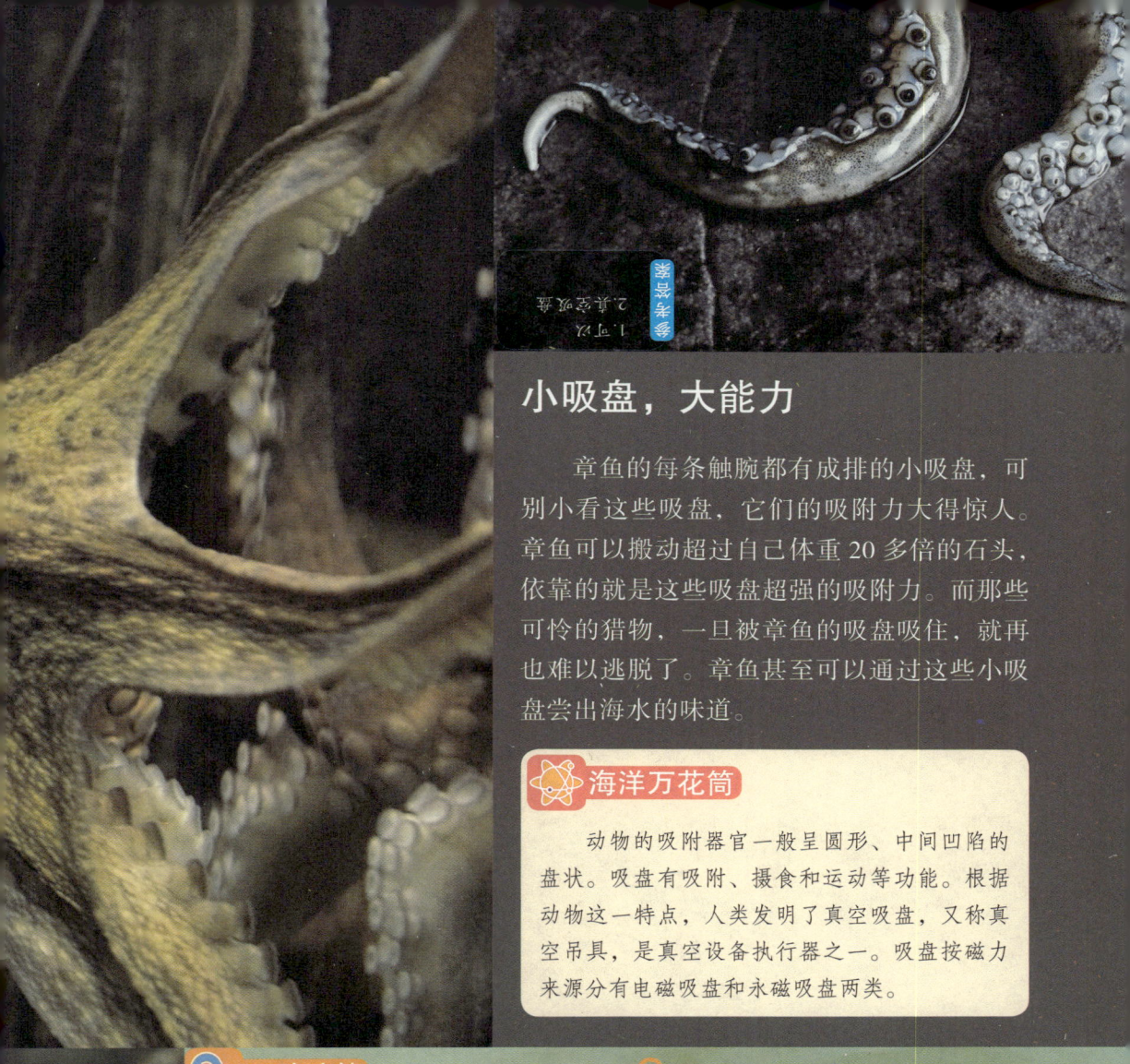

小吸盘，大能力

章鱼的每条触腕都有成排的小吸盘，可别小看这些吸盘，它们的吸附力大得惊人。章鱼可以搬动超过自己体重20多倍的石头，依靠的就是这些吸盘超强的吸附力。而那些可怜的猎物，一旦被章鱼的吸盘吸住，就再也难以逃脱了。章鱼甚至可以通过这些小吸盘尝出海水的味道。

海洋万花筒

动物的吸附器官一般呈圆形、中间凹陷的盘状。吸盘有吸附、摄食和运动等功能。根据动物这一特点，人类发明了真空吸盘，又称真空吊具，是真空设备执行器之一。吸盘按磁力来源分有电磁吸盘和永磁吸盘两类。

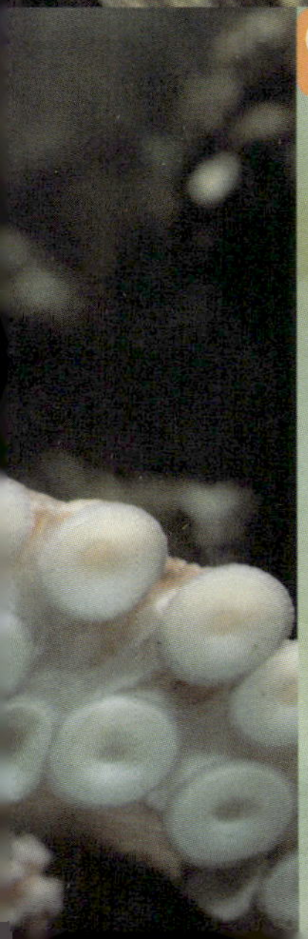

开动脑筋

1. 章鱼有8条触腕，它们可以单独行动吗？
2. 人类根据章鱼触腕上吸盘的原理，发明了什么？

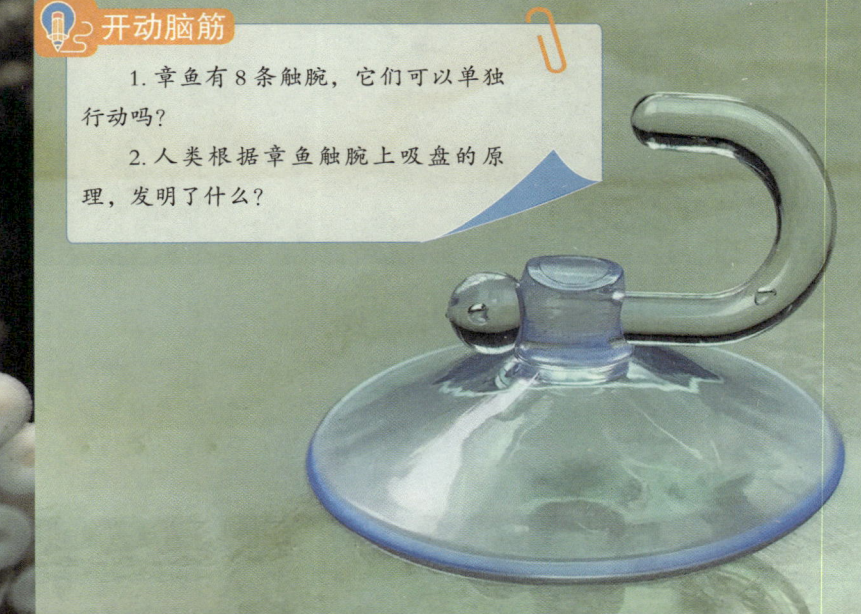

海洋探秘系列　章鱼探秘

Part 1 章鱼身体真奇怪

神奇的再生术

我们都听说过蜥蜴断掉的尾巴可以再长出来，章鱼的触腕不仅断掉后可以长出来，而且新长出来的触腕可以跟原先的一样完美。章鱼在断腕的那一刻，它的再生功能就启动了，首先它会自行收缩闭合伤口处的血管，这样可以止血。然后经过6小时，血管就开始流通，血液流过受伤的组织，结实的凝血块将尚未愈合的触腕伤口处盖好。在这个过程中，章鱼体内的一种叫作"乙酰胆碱酯酶"的物质起了最主要的激活修复作用，它在修复中的章鱼体内尤其活跃，人类的脑神经元中也有这种酶。第二天，章鱼触腕的伤口就全部愈合了，开始长出新的触腕，大约一个半月的时间，就能长到原来长度的1/3。

海洋万花筒

海星也有一项再生的绝招。若把海星撕成几块抛入海中，每一个碎块会很快重新长出失去的部分，从而长成几个完整的新海星。例如，沙海星保留1厘米长的腕就能生长出一个完整的新海星，而有的海星本领更大，只要有一截残臂就可以长出一个完整的新海星。海星的腕、体盘受损或自切后，都能够自然再生，这真是一项神奇的本领。

触腕也可以伪装

　　章鱼的触腕不仅有许多神奇的本领，它们还可以伪装成海藻一类的植物。每当章鱼藏身在洞穴或器皿中，它们就把触腕伸出来让其四处飘摇，这像极了一些海藻或海草，而一些缺少生存经验的小鱼、小虾就会傻傻地"自投罗网"，来到这些"海草"身边玩耍，然后就会被章鱼的触腕抓住，再也无法挣脱了。章鱼就是靠这些伪装的触腕来捕捉猎物，同时也可以警告一些试图吃掉它们的敌害，一旦触腕遭到袭击，它们就会快速断腕求生，同时喷出墨汁掩护自己逃离。

奇闻轶事

　　美国加州大学柏克莱分校的克里斯汀·赫法德及其研究小组在印度尼西亚热带海域发现一种特别的章鱼，它的体积约为苹果大小，在面对危险或遇到潜水员时，这种章鱼会把8只"爪"中的6只向上弯曲折叠，做出椰壳的模样，而剩余的2只"爪"就会站在海底地面上，偷偷地向后挪动，像会移动的小椰子，以倒退跨步走的方式逃难，姿势很是滑稽。

海洋探秘系列 章鱼探秘

Part 1 章鱼身体真奇怪

用触腕繁殖后代

雄性章鱼有一条特化的触腕，被称为化茎腕或生殖腕，不同于其他的触腕，这条触腕是用来繁殖后代的。雄性章鱼通过这条触腕将精包直接放入雌性章鱼的外套腔内，然后这条触腕就会从雄性章鱼身上断落，留在雌性章鱼的外套腔内。而这条生殖腕实际上是雄性章鱼的右边第三条触腕，它与其他触腕比起来有一些不同。这条触腕尖端略显平坦，呈勺状，没有吸力，而且有一条从根部到尖端的沟槽。

失去生殖腕的章鱼会死去

雄性章鱼在生殖期有将一条触腕变形成为生殖腕的现象。交配时，雄性章鱼用特化的生殖腕（化茎腕）把贮藏精子的精荚送到雌性章鱼的外套腔内或口下方的垫上。为了增加受孕率，雄性章鱼会把化茎腕留在雌性章鱼体内，而失去了这条生殖腕后，雄性章鱼会在不久以后慢慢地死去。也就是说，章鱼一生只能繁殖一次，代价是付出自己的生命。

开动脑筋

1. 章鱼的第几条触腕可以用来繁殖后代？
2. 章鱼的断腕再生后，和原来的触腕一样吗？
3. 章鱼的触腕可以伪装成什么？

用触腕投掷石块

　　章鱼会使用触腕巧妙地捕猎。章鱼不仅残忍好斗，而且还足智多谋，当它们发现牡蛎以后，会耐心地守在牡蛎身旁，等待牡蛎开口的那一刹那，章鱼就会快速地把小石头扔进去，使牡蛎的两扇贝壳无法合拢，然后它就可以把美味的牡蛎肉吃掉了。有研究人员在水下安装摄像头观察时，章鱼还会向靠近的摄像头投掷碎片，它们在投掷之前甚至还会先向目标移动。

奇闻轶事

　　有研究人员通过摄像头观察到一只雄性章鱼在求偶遭拒后竟然气得变了颜色，似乎还加快了呼吸，最后还赌气地扔了一只贝壳。它的行为表明，章鱼有向既定目标投掷物体的能力，也许是为了攻击它们。

参考答案：
1. 名为第三条
2. 和原来的不一样
3. 没谁一类的植物

Part 1 章鱼身体真奇怪

死里逃生玄机何在

　　章鱼虽然依仗自己力气大，经常欺负一些弱小的海洋生物，但是也有一些大家伙专门寻找章鱼这样的美味，想要吃掉它。为了保命，章鱼想尽了办法，练就了一身的逃跑本领，这让它生存的概率大大增加了。章鱼比较典型的逃命本领有断腕逃生、隐身术、变身术、烟幕弹等。

章鱼断腕逃生

　　章鱼一旦被敌害咬住触腕，它就会迅速断掉触腕，而且断掉的触腕会不停地跳动，用以迷惑敌害，让它以为章鱼还在那里，这样就为章鱼逃跑提供了时间。而章鱼断肢通常是在整个触腕的4/5左右，掉落后它们的血管会完全收缩，并且自行闭合，避免伤口处流血。而它们在逃离了危险地带、足够安全之后，会使血管重新开始流通血液，伤口会很快愈合，并且长出新的触腕。

章鱼也会"隐身术"

　　章鱼在逃避敌害攻击的时候,也会使用"隐身术"。那么,章鱼真的会让自己消失不见吗?实际上,章鱼是通过改变自己身体的形状和颜色,让自己变得和周围的环境一样,这样敌害就找不到它了,仿佛突然就消失不见了一般。章鱼的表面分布着一种细胞,名为色素细胞。每个色素细胞包含4种天然色素中的一种:黄色素、红色素、棕色素或黑色素。只有在色素细胞收缩的情况下,才能看到这些色素。章鱼可以通过一次只收缩一种色素细胞来变换自身的颜色。章鱼通过变色让自己和所处环境融为一体,达到隐身的效果。

海洋万花筒

　　拟态是指一种生物在形态、行为等特征上模拟另一种生物,从而使一方或双方受益的生态适应现象。在自然界中,有很多动物为了生存而拥有了拟态这种特殊的行为。拟态包括三方:模仿者、被模仿者和受骗者。三方应有一定程度的同域性和同时性,但并非绝对的在同一时间和同一地点出现。

海洋探秘系列 章鱼探秘

Part 1 章鱼身体真奇怪

会变形术的章鱼

说到章鱼的变形,其实有一点夸张,章鱼并不能通过变形术把自己完全变成另外一种形状,但是它可以通过改变自己柔软的身体,让自己看起来像另外的一种形状。章鱼利用灵活的触腕在礁岩、石缝及海床间爬行,有时把自己伪装成一束珊瑚,有时又把自己装扮成一堆闪光的砾石,以此来躲避敌害的攻击。章鱼之所以能够做到迅速拟态成其他动物,是因为它是无脊椎软体动物,这是它先天的优势,同时章鱼又十分聪明,这才拥有了许多让人意外的本领。

奇闻轶事

有人目睹了这样一件有趣的事:一个人把章鱼放在篮子里,来到了电车上,过了十多分钟,突然从电车后部传来了尖叫声,原来章鱼竟从半寸大小的篮眼里钻了出来,爬到了一位男士大腿上,使他歇斯底里地怪叫起来。这是因为章鱼能使自己那胶皮一样柔软的身子变成饼状的缘故。

模拟有毒生物吓退敌害

章鱼不仅学会了"变形术"来躲避敌害的追杀，它还会拟态成一些有毒生物来吓退那些追踪者。曾经有人在印度尼西亚苏拉威西岛附近的河口水域发现一种章鱼能迅速拟态成海蛇、狮子鱼及水母等有毒生物。这说明章鱼是十分聪明的动物，它知道哪些有毒生物能让其他猎食者害怕。

海洋万花筒

进攻性拟态：进攻性拟态是模仿其他生物以方便接近进攻对象的拟态。例如，捕食者模仿猎物、寄生虫模仿宿主，借以更顺利地进攻对方。

默滕斯氏拟态：默滕斯氏拟态是指一种生物在形态、行为等特征上模拟另一种生物，从而使一方或双方受益的生态适应现象。

Part 1 章鱼身体真奇怪

海洋探秘系列 章鱼探秘

章鱼"弃车保帅"的策略

有研究人员认为,章鱼具有"概念思维",能够独自解决复杂的问题,这也让章鱼有了"弃车保帅""舍小家为大家"的果断举动。当章鱼遇到危险后,它们会非常果断地将自己的身体一部分留下"殿后",掩护"大部队"撤退。这样,虽然损失了一条触腕,但是它们避免了更大的损失,而且失去的触腕还能自行长出来,有惊无险地让自己存活了下来。

海洋万花筒

章鱼可以利用肌肉来控制结构复杂的名叫细胞弹性囊的色素细胞器官,改变这些囊的形状或大小,使细胞的透明度或反射能力改变,并造成色彩变化;而属于脊椎动物的变色龙则利用细胞信号达到变色的目的。

聪明的逃跑高手

在生物学家眼中，章鱼是地球上最聪明的生物类群之一。它们能像近亲墨鱼那样变换体色，也能模仿海洋中的各种生物或非生物，甚至能有目的地玩耍和学习。无论是在实验室还是水族馆，章鱼都以出色的"逃跑"能力著称。曾有人为了测试章鱼有多聪明，把章鱼装进了一只瓶子里，然后拧上盖子。结果章鱼不到10秒钟，就学会了拧开瓶盖，逃出了瓶子。

开动脑筋

1. 章鱼有什么逃命的本领？
2. 章鱼都有哪些小聪明？
3. 章鱼的血液为什么是蓝色的？

奇闻轶事

曾有一只名为"Inky"的章鱼就在新西兰水族馆上演了"胜利大逃亡"，它逃出了水族馆，钻入排水管回到了大海。或许对章鱼来说，水族箱和海边的潮池并没有太大不同，只是进出时要多费点劲而已。

参考答案：
1. 喷射一小团墨液。
2. 拧开子锁的玻璃瓶学习。
3. 血液内含有血蓝蛋白。

29

Part 1 章鱼身体真奇怪

软体章鱼也有坚硬部位

章鱼是一种软体动物,它们柔软的身体可以通过窄窄的缝隙,还能通过较小的瓶口钻入一个小瓶子里。但是,它们柔软的身体中,也包含着坚硬的部位。章鱼是食肉性动物,喜欢吃一些虾、蟹以及贝壳等生物,因此它们需要有一副好牙齿,才能咬碎这些坚硬的外壳,食用贝壳里面的鲜肉。因此,章鱼的嘴以及里面的牙齿就是它们身体中最坚硬的部位了。

章鱼的"硬嘴巴"

章鱼是一种软体动物,虽然它们看起来非常柔软,但是它们长了一张很像鸟喙的嘴,嘴巴里面还有一些硬硬的萼片。正因为这张嘴巴,才让软软的章鱼符合了它们食肉性动物的身份。章鱼比较喜欢吃虾、蟹以及贝壳等,它们用硬嘴巴咬碎猎物坚硬的外壳,来享受里面的美味食物。

嘴巴的位置很特殊

我们通常看到的章鱼并没有嘴巴,这是因为它们把嘴巴藏在身体中。研究人员发现,章鱼嘴巴的位置比较特殊。章鱼的嘴巴位于它们的触腕最上部和头部连接的位置,也就是说在它们头部的下方,以及它们触腕根部的上方,要仔细观察才能看到。若是将章鱼的触腕比作花瓣的话,那么章鱼的嘴巴可以说是在花蕊的部位,而它们嘴巴的构造也很独特,是由5个角状的部分构成的,外观上很像鸟喙。

章鱼的牙齿也尖锐

章鱼嘴巴里面的萼片相当于它们的牙齿,这些萼片还是比较尖锐的,可以咬开坚硬的外壳、切碎食物,甚至还可以切断自己的触腕。章鱼的嘴巴和牙齿平常掩藏在触腕中,从外面根本看不到,只有在它们进食的时候,才会露出牙齿,展现它们凶狠的一面。

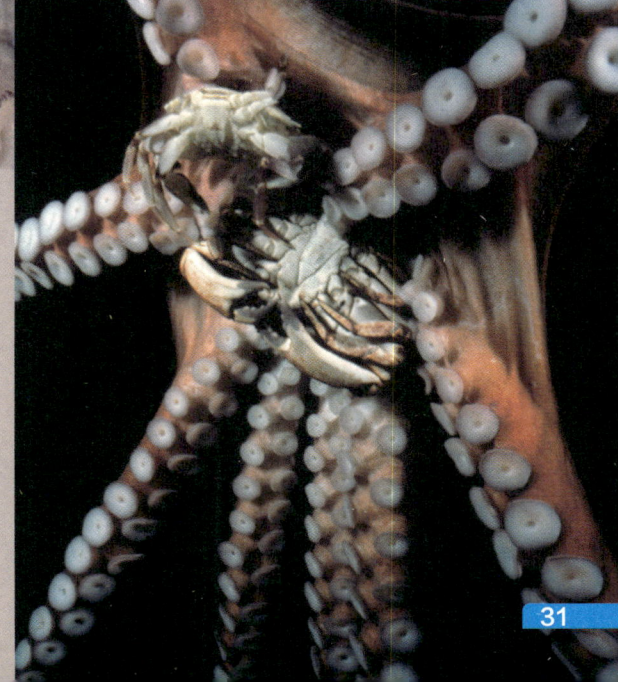

Part 1 章鱼身体真奇怪

舌头好似锉刀

　　章鱼的嘴巴里面不仅有牙齿，还有一个齿舌，它的齿舌跟大部分动物的舌头不同，可以起到锉刀的作用，在进食的过程中可以帮助章鱼吞咽食物。章鱼的嘴巴虽然小，但是里面摆设齐全，功能也毫不欠缺，吃肉、啃骨头都能做到。这也难怪一些动画片中把章鱼描绘成一个凶恶的家伙。

海洋万花筒

　　章鱼口内有一对尖锐的角质腭，似鹦鹉喙状，可切碎食物。底部为锉状的齿舌，齿舌侧齿一般为单尖，可帮助吞咽食物。章鱼为肉食性动物，以瓣鳃类和甲壳类（虾、蟹等）为食，有些种类食浮游生物。章鱼的牙齿就是用来以钻破贝壳、刮食其肉的。章鱼的中央齿为五尖形，第1侧齿小，齿尖居中，第2侧齿较短，基部边缘较平，齿尖略偏一侧，第3侧齿近似弯刀状。

注入毒素咬碎外壳

　　章鱼喜欢吃虾、蟹等有外壳的生物，龙虾和螃蟹都有坚硬的外壳保护自己，但是这难不倒章鱼，章鱼会用触腕抓住猎物，然后向其头部注入毒素，很快被它们捕获的虾、蟹就会失去知觉，然后章鱼会用尖锐的牙齿咬碎虾、蟹外壳薄弱的部位，吃里面鲜美的肉食。章鱼的齿舌可以依靠肌肉的伸缩刮取食物，口腔的背面还有一对唾液腺的开口，其分泌物可以滑润齿舌，并将进入口中的食物粘在一起咽进胃里。

海洋万花筒

　　很多动物的身上都有软骨。软骨即软骨组织，由软骨细胞和细胞间质组成。软骨内呈凝胶状态，具有较大韧性，是以支持作用为主的结缔组织。根据细胞间质的不同可把软骨分为3种，即透明软骨、弹性软骨和纤维软骨。

Part 1 章鱼身体真奇怪

章鱼和乌贼谁的嘴巴硬

章鱼软软的身体中藏着一张鸟喙般的嘴，与它们形象比较相似的还有乌贼。乌贼也是软体动物，有10条触腕，而且乌贼生有硬骨，这是章鱼所没有的。乌贼的嘴巴也是藏在10条触腕的中央，很喜欢吃虾、蟹等食物。从乌贼所青睐的食物来看，它与章鱼很相似，它们的嘴巴长的位置、形状也十分相似。乌贼的嘴巴要比章鱼的更硬一些，如大王乌贼不仅身体有硬骨，它甚至可以跟抹香鲸搏斗，而章鱼更多的表现则是欺软怕硬，它只能欺负一些小鱼小虾，遇到大家伙就赶紧喷射"烟幕弹"，逃之夭夭。

海洋万花筒

鱿鱼身体狭长，仿佛管具，横切面为圈状；墨鱼的身体则较为扁平，十分宽大。墨鱼的头是长圆的，鱿鱼是长尖的，章鱼的头是短圆的。

与章鱼相似的生物

章鱼是软体动物，而且长有 8 条触腕，跟它们形象相近的生物还有鱿鱼、乌贼（墨鱼是乌贼的别称）。它们的生活习惯和特点很相似，但是也有很多不同。章鱼一般用触腕中的吸盘沿海底爬行，动作十分缓慢；鱿鱼、墨鱼则在海中快速游动。这几种动物都属于软体动物，它们身体上的坚硬部位只有嘴部，虽然和其他凶猛鱼类的牙齿不能相比，但是相对于它们捕食的猎物，这样的嘴和牙齿已经足够了。

海洋万花筒

章鱼非常喜欢吃各种虾类，因为稳定的结构肌红蛋白是章鱼在深海里生存的必要条件，它们与龙虾拼个你死我活，就是为了争夺虾青素资源，虾青素是最强的抗氧化剂，是保证肌红蛋白结构稳定而不被氧化必要条件。

开动脑筋

1. 找出章鱼身体中坚硬的部位在哪里？用自己的话来形容一下。
2. 章鱼的嘴巴能咬破螃蟹、龙虾的外壳吗？
3. 章鱼的嘴巴长在什么位置？

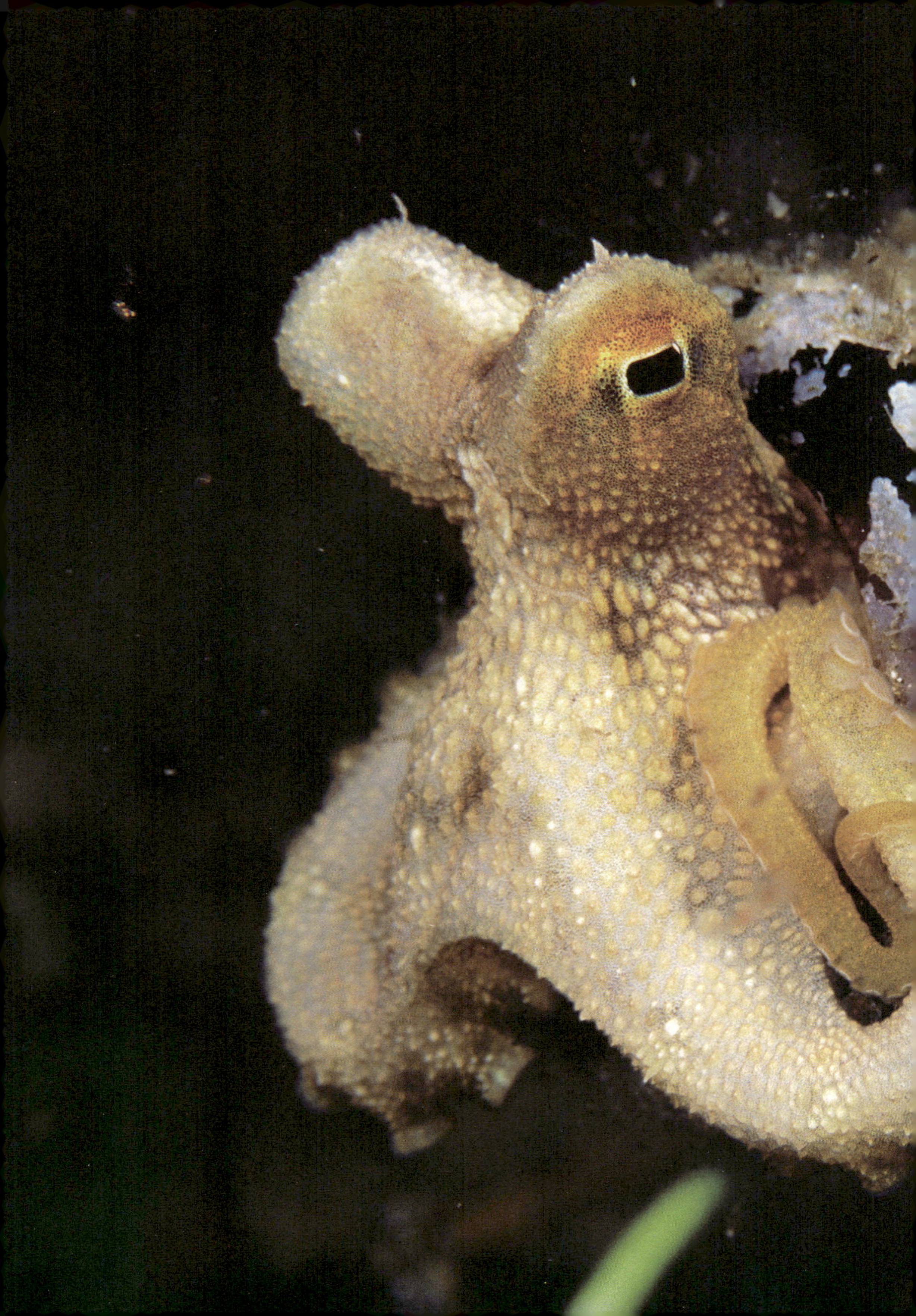

Part 2
章鱼生存本领强

　　章鱼已经在地球上生存了5亿多年,它们存在的时间远超过我们人类,这离不开它们超强的生存本领。为了能够活下去,章鱼有放"烟幕弹"的本领,还有断腕求生、模仿有毒生物的本领。这些本领虽然高超,但是也显露出章鱼的诡计多端,因此,章鱼也往往成为邪恶的代言人。

海洋探秘系列 章鱼探秘

Part 2 章鱼生存本领强

海底建筑师

章鱼胆子很小，但是好奇心却很大，它喜欢钻进各种瓶瓶罐罐中，仿佛这样做更有安全感。若是找不到藏身之地，章鱼则会选择自己动手，搬动一些石块、贝壳、蟹甲等，堆砌成火山喷口似的巢穴，以便隐居其中。

拥有建筑师般的头脑

章鱼拥有不低于人类的智商，它们有一个中央大脑，还有8个分布式大脑，在无脊椎动物中，它们属于"智者"级别的生物了。章鱼同时还拥有自己的"社会意识"，灵活的大脑加上健壮的8条触腕，让它们拥有了其他生物不具备的灵活创造性，因此，当章鱼做出类似建筑师的举动也就不令人奇怪了。

奇闻轶事

章鱼的好奇心非常强，它们会尽可能地去享受身边的一切带来的乐趣。1999年的一项研究表明，章鱼会向漂浮的塑料瓶喷水，让它上下飘荡；在没有玩具的时候，它们甚至会抢夺潜水员的摄像机。

半夜建造房屋

　　章鱼喜欢自己动手建造房子。同时，还有一个有趣的现象，它们每次建造房屋都是在半夜三更进行。在午夜之前，章鱼毫无动静，看不出半点要建造房屋的端倪，午夜一过，它们就好像接到了命令似的，8条触腕一刻不停地搜集各种石块、贝壳、蟹甲等可以搬动的物品，然后把搜集到的器物堆砌起来。章鱼建好了房子后，会在里面安逸地睡觉，还会把触腕放在房子外面警戒。

海洋万花筒

　　在澳大利亚东部的一处海域，科学家发现了章鱼一项非常厉害的技能，它们竟然发展出了"城市"。它们找到了一个由沙子和贝壳组成的"建筑物"，这些东西被用黏液粘在一起，沙子是地基，贝壳就是章鱼们所居住的巢穴，这里居住了十几只章鱼，时常能看到几只章鱼聚在一起，好像在交流，有时候还会产生矛盾，章鱼们开始打"群架"，输掉的一方会被逐出领地，这种类似陆地上的灵长类动物的社会行为令人十分惊讶。

Part 2 章鱼生存本领强

上帝赐予的房子

对章鱼来说,那些陶罐或瓶子是那样的神奇,它们自己无论怎样努力都建造不出这样完美的"房子",因此,每当章鱼见到那些瓶瓶罐罐,都会迫不及待地钻进去,将其占为己有。这简直就是上帝赐予它们的房子,躲在里面十分有安全感。但是让章鱼无法预料的是,有很多这样的"房子",其实是渔民们给它们设计的陷阱,章鱼在新房子里还没有享受多长时间,就会被渔民们捞走,成为盘中餐。

狭小空间才有安全感

章鱼是软体动物,在自身没有保护能力的措施下,只能借用外力来保证自己的生命安全。因此,章鱼总是在努力寻找一个坚硬的"外壳"来保护自己。对孤僻的章鱼来说,只有狭小的空间最合适。海底的洞穴、人类丢弃的锅碗瓢盆等都成为它们的选择。章鱼认为空间小的地方安全性高,将自己的身体缩小在一个狭小的环境中,它们才会更有安全感。

被困在房子里怎么办

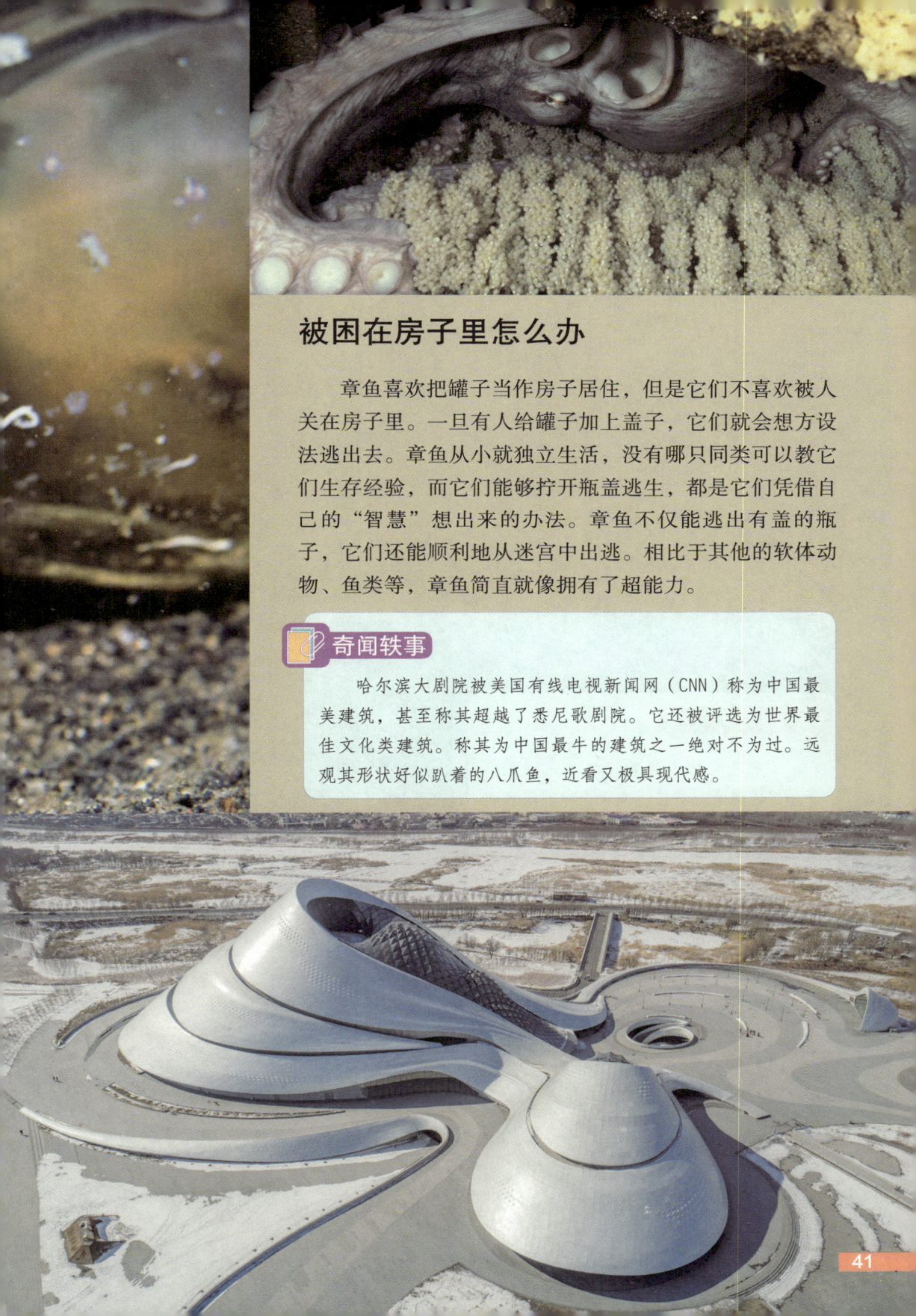

章鱼喜欢把罐子当作房子居住,但是它们不喜欢被人关在房子里。一旦有人给罐子加上盖子,它们就会想方设法逃出去。章鱼从小就独立生活,没有哪只同类可以教它们生存经验,而它们能够拧开瓶盖逃生,都是它们凭借自己的"智慧"想出来的办法。章鱼不仅能逃出有盖的瓶子,它们还能顺利地从迷宫中出逃。相比于其他的软体动物、鱼类等,章鱼简直就像拥有了超能力。

奇闻轶事

哈尔滨大剧院被美国有线电视新闻网(CNN)称为中国最美建筑,甚至称其超越了悉尼歌剧院。它还被评选为世界最佳文化类建筑。称其为中国最牛的建筑之一绝对不为过。远观其形状好似趴着的八爪鱼,近看又极具现代感。

Part 2 章鱼生存本领强

海洋探秘系列 章鱼探秘

会筑巢的建筑大师

有"海底建筑师"称号的不仅有章鱼，还有一种鱼可以在水里筑巢，它会以鸟类的方式建巢，这个建筑大师就是三棘刺鱼。三棘刺鱼是生活在海洋中的一种小型硬骨鱼，因脊背上有三根御敌的棘刺而得名。雄性三棘刺鱼会在较浅的、长着各种水生植物和海藻的沙质或石砾的海底选择合适的领地，营建新房。筑巢时，雄鱼先在海底的泥沙里用嘴挖一个浅槽，然后收集各种海藻丝，水生植物的叶子、根及其他植物碎片，把这些材料堆积在槽沟的上方。雄鱼缓慢地游过松散的叶堆，同时分泌出一种黏性物质，把各种碎片胶结在一起，接着还会在对面开一个口子，并修建坑道。

海洋万花筒

三棘刺鱼的洞房竣工之后，雄鱼会开始追求雌鱼。当接近满腹是卵的雌鱼之后，雄鱼便跳着"之"字形的舞蹈，把雌鱼引到门口，用嘴示意方向让雌鱼进入。如果雌鱼不想进入巢内，它就用刺进行威胁。雌鱼入巢产卵后，从第二个门口游出，而雄鱼从第一个口进去给卵授精。以后仍可以诱使其他雌鱼在同一巢里产卵。

海底"城市"

在海底世界中,除了章鱼、三棘刺鱼之外,还有一种生物可以建造家园。在热带和亚热带海洋中分布着许多蔚为壮观的"城市"——珊瑚礁城。这些壮观的珊瑚礁是由珊瑚虫建造而成。珊瑚虫身体柔软,没有防御能力,可是它们会利用海中的钙质元素分泌出碳酸钙,为自己建造一座属于自己的坚硬小屋,珊瑚虫将身体隐藏在这些小房子里,伸出花瓣似的触腕捕获食物和营养物质。珊瑚礁是通过很多的珊瑚虫聚在一起而形成的,如此年复一年,日积月累,珊瑚虫分泌的石灰质骨骼就会像树木生长一样,越来越高,越来越大,然后就逐渐形成了一个美丽的海底"城市"。

🔬 海洋万花筒

根据骨骼特性,珊瑚可分为硬珊瑚和软珊瑚。硬珊瑚可以分泌碳酸钙作为骨架,这种坚硬的骨架在日积月累的堆砌后便形成礁石,因此这类珊瑚是珊瑚礁主要的建筑师。而软珊瑚分泌的骨骼没有那么坚韧,但它们在珊瑚礁的生长中仍然发挥着关键的作用。

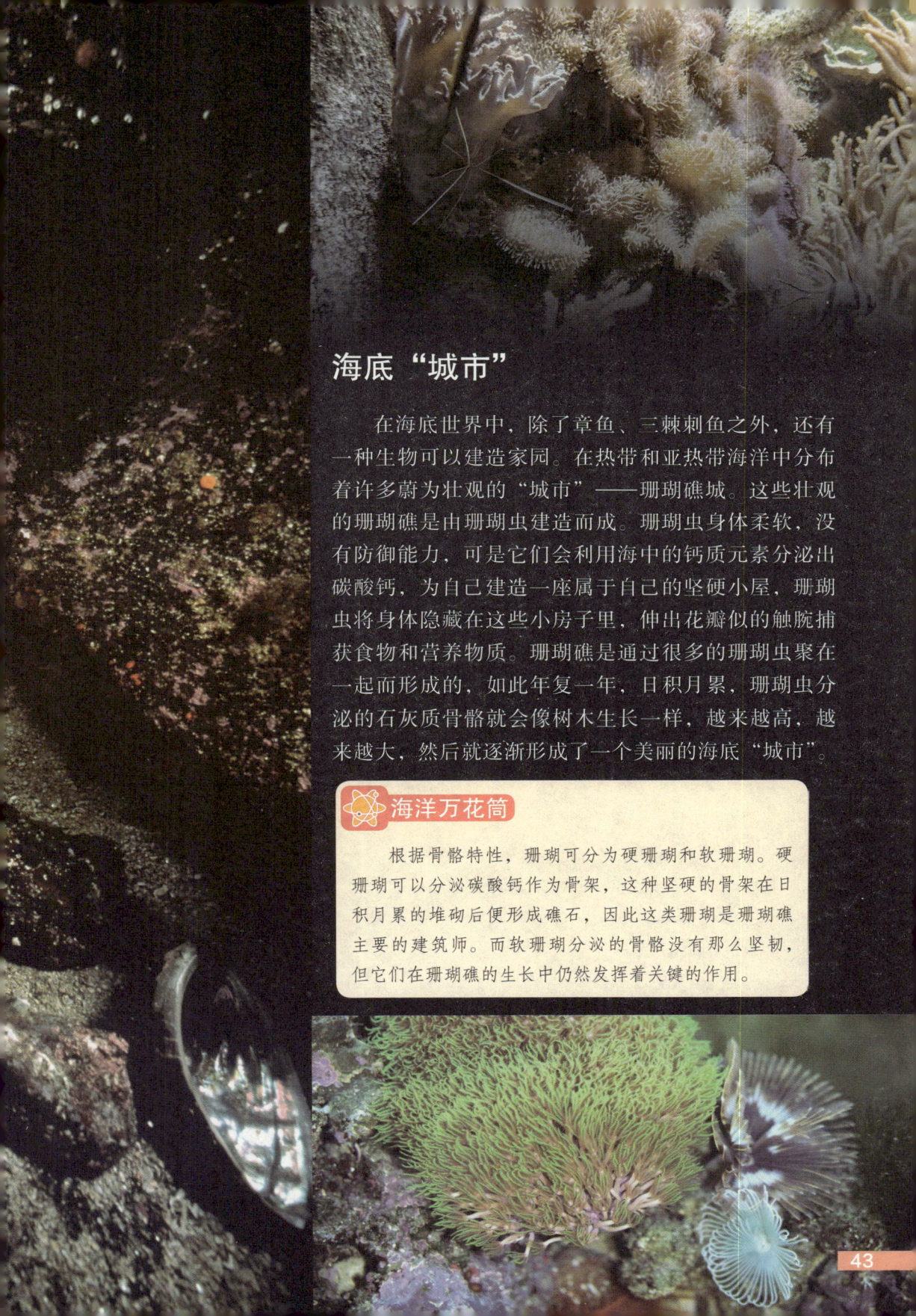

Part 2 章鱼生存本领强

海洋探秘系列 章鱼探秘

夜幕下的海底"猎人"

在大自然的生物链中,每一种存在的生物都有两个身份,既是猎人又是猎物。章鱼自恃聪明,经常要一些小聪明去捕捉猎物。但是也有一些捕猎者觊觎章鱼那一身鲜美的肉,想要捕获它们当作美食。章鱼有许多保命技能,这极大地提高了它们的生存机会。

夜幕下的"海草"

夜晚降临了,几片"海草"在水中漂来漂去,小鱼、小虾想要到海草中寻找食物,却想不到海草突然亮出了它成排的吸盘,把小鱼、小虾吸住,原来这些海草是章鱼的触腕伪装的。章鱼用这种欺骗的手段一次又一次地捕捉那些初出茅庐的小动物。饱餐一顿后,再找一个洞穴美美地睡一觉。章鱼就是用这种办法捕猎,这样就不需要费力地去追赶那些惊慌失措的小鱼小虾了。

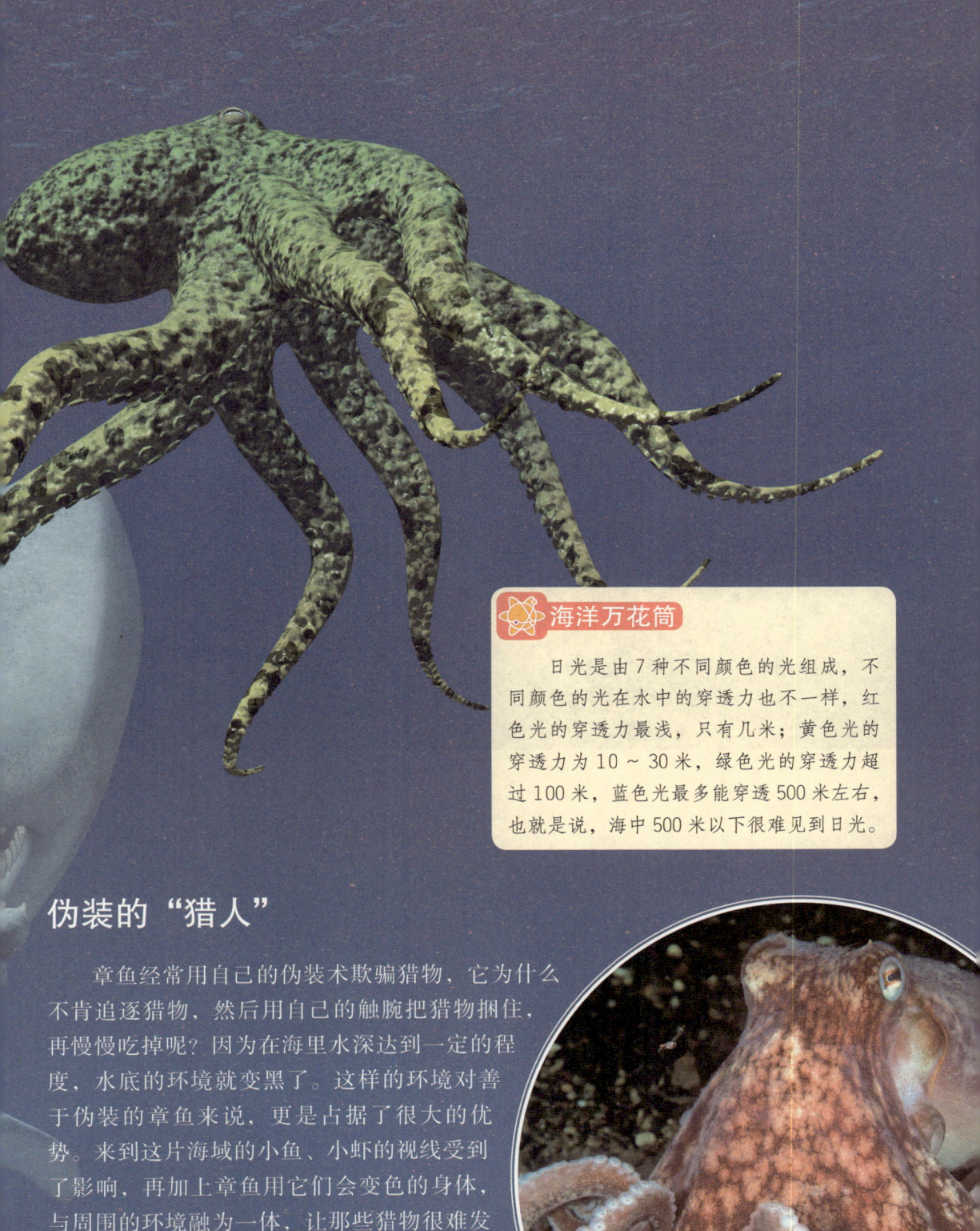

海洋万花筒

日光是由7种不同颜色的光组成，不同颜色的光在水中的穿透力也不一样，红色光的穿透力最浅，只有几米；黄色光的穿透力为10～30米，绿色光的穿透力超过100米，蓝色光最多能穿透500米左右，也就是说，海中500米以下很难见到日光。

伪装的"猎人"

章鱼经常用自己的伪装术欺骗猎物，它为什么不肯追逐猎物，然后用自己的触腕把猎物捆住，再慢慢吃掉呢？因为在海里水深达到一定的程度，水底的环境就变黑了。这样的环境对善于伪装的章鱼来说，更是占据了很大的优势。来到这片海域的小鱼、小虾的视线受到了影响，再加上章鱼用它们会变色的身体，与周围的环境融为一体，让那些猎物很难发现它们，章鱼就可以趁其不备，下手捕捉它们了。

Part 2 章鱼生存本领强

与龙虾搏斗

　　章鱼的胆子是比较小的，但是当它们面对张牙舞爪的龙虾时，却敢于冲上去与之搏斗，一定要与龙虾争个你死我活。这是因为章鱼需要龙虾体内的虾青素，那是章鱼赖以生存的"营养"。龙虾有坚硬的外壳，还有一对或多对的螯，这对章鱼柔软的身体构成了威胁。章鱼通常不跟龙虾正面搏斗，而是用几条触腕把龙虾牢牢地捆住，然后咬破龙虾的头部，再向里面注入毒素，等到龙虾毒性发作，不能动弹了，章鱼才开始享用美味的虾肉。

海洋万花筒

　　2008年，荷兰莱顿大学的科学家弗朗西斯科·布达教授和他的实验小组成员，通过精确的量子计算手段发现熟透的虾、蟹和以三文鱼为代表的鱼类等之所以呈诱人的鲜红色，是因为它们都富含虾青素。

用毒高手

　　章鱼家族中毒性最强的成员是蓝环章鱼，它的身体上显示着蓝色的环纹，看起来十分美丽，但是千万不要被它的外表迷惑，它的毒性之强，可以让人类在短短的几分钟之内丧生。即便是普通的章鱼，也可以在捕捉到猎物后，用身体最坚硬的部位将甲壳类动物的外壳咬开一条缝隙，然后把含有高蛋白质的毒性唾液输进猎物的体内，等到猎物被毒到失去知觉，再慢慢地享用到嘴的食物。

海洋万花筒

　　章鱼通常不和同类打交道，和其他种类动物之间的关系，除了猎捕和被吃之外，也几乎都老死不相往来。所以，如果想要在家里饲养这种动物，最好不要混养，以免其他生物惨遭章鱼的"毒手"。也不是所有章鱼都会欺负"同槽好友"，温哥华水族馆的馆员丹尼·肯特发现在卑诗省水域展区中，有些章鱼能够和许多石斑鱼一起生活多年，不会吃掉它们。

Part 2 章鱼生存本领强

主动出击

　　章鱼有一双非常高级的眼睛，它可以通过视网膜来分辨周围环境的颜色，即便是在昏暗的海底，它也能够清楚地看到猎物。虽然章鱼诡计多端，时常使用伪装来诱骗没经验的新手进入它的陷阱，但是它也有主动出击的时候。如果章鱼在睡觉的时候，有谁不小心触碰了它用来警戒的触腕，它会分辨出这个敌人是凶恶的大家伙，还是柔弱的小鱼虾，当它确认目标比较弱小后，就会毫不犹豫地主动出击，用它的8条触腕紧紧抱住猎物，直到猎物窒息死掉才肯放手。

被动防御

　　章鱼如果在睡觉时其他猎食者盯上了，那就很危险。猎食者往往咬住章鱼的触腕，以免章鱼逃走，而章鱼首先会喷出一大口墨汁，让周围的海水变得一片漆黑，如果还是不能挣脱逃跑，它就会迅速断开被咬的触腕，因为每条触腕上都有神经元，即便是与身体断开了，仍然可以不停地跳动，吸引猎食者的注意，然后它就能从容逃脱。如果袭击者是一只大龙虾，章鱼就会放手一搏，毕竟龙虾对章鱼有极大的诱惑。

躲避追杀

人类有非常强大的模仿能力，通过模仿螳螂发明了镰刀；模仿野猪鼻子制成了防毒面具；模仿苍蝇发明了宇宙飞船。而章鱼在模仿能力上也不遑多让。当章鱼被猎食者紧追不舍时，它能攀附在礁岩上把自己伪装成珊瑚，还会以步行的方式模仿海螺，甚至可以模仿海蛇、比目鱼、海星等超过十多种海洋生物，以此来躲避天敌的追杀。

开动脑筋

1. 章鱼通过什么方法捕获龙虾？
2. 章鱼喜欢吃龙虾的最主要原因是什么？
3. 哪种章鱼的毒性最强？

奇闻轶事

有一些科学家假设，章鱼所拥有的复杂基因组可能来自彗星，他们推测外星的章鱼卵意外地被冰冻，随着彗星掉到了地球海洋中，但是这种说法缺少有力的证据，所以一直不被采纳。

Part 2 章鱼生存本领强

守株待兔
妙捕双壳贝

章鱼自身是软体动物，可是它却喜欢去捕食那些有坚硬外壳的生物。无论是牡蛎还是虾蟹，都是章鱼的最爱。章鱼不仅喜欢牡蛎的鲜美肉质，还喜欢牡蛎坚硬的外壳，经常在吃掉牡蛎后，把它的外壳当作自己的家。

巧妙地猎捕牡蛎

章鱼在面对牡蛎坚硬的外壳时，它并不使用蛮力来强行打开这两扇外壳，而是用非常巧妙的办法，迫使牡蛎自己打开外壳。章鱼的唾液对于甲壳类动物有毒副作用，如果章鱼见到牡蛎有隙可乘，它会喷射毒素，迫使牡蛎开口，如果无隙可乘，它就会耐心地守候在牡蛎身边，等牡蛎放松警惕，打开贝壳的一瞬间，把小石头丢进去，这样牡蛎就会因无法合上贝壳而成为章鱼的美食。

贝壳里的黑手

贝壳对章鱼来说，不仅充满了安全感，同时也是伪装的一种手段，我们都知道，贝类的移动速度很慢，甚至不会移动的也有。和贝类生活在一起的其他的生物见到贝类十分放心，不管是鱼、虾，还是螃蟹等小型海洋生物都会放松警惕。而躲在贝壳中的章鱼就可以伸出黑手，去捕捉那些小鱼、小虾。而且，章鱼自身还很安全，那些敌害面对坚硬的外壳毫无办法，从而让章鱼避开危险。

海洋万花筒

章鱼非常情绪化，害怕时皮肤会变白，生气时皮肤会变红。研究人员发现，章鱼对疼痛的感受远不止是对有害刺激和伤害的简单反射，而是一种复杂的情绪状态，如苦恼或痛苦。

海洋探秘系列 章鱼探秘

Part 2 章鱼生存本领强

巧妙捕食螃蟹

　　章鱼十分喜欢捕食螃蟹，如果一群猎物出现在章鱼身边，它会首先选择去捕食螃蟹。而螃蟹也同样害怕章鱼，见到章鱼的螃蟹就像见到了"抱脸虫"一样，纷纷躲避逃窜。章鱼见到螃蟹会毫不客气地用8条触腕腕抱住它，然后把螃蟹的眼睛部位送到自己的口边，并向里面注射毒素。螃蟹很快就会中毒发作，瘫软在章鱼面前。通过这种方法，章鱼可以猎杀比自己大得多的螃蟹。

打开螃蟹坚硬的外壳

　　当螃蟹被章鱼注射毒素、失去反抗能力后，章鱼会把螃蟹拖回自己的巢穴，章鱼注入螃蟹体内的唾液会分解肌肉与外骨骼的附着物，这是因为章鱼的唾液里含有一种特异性的水解酶，螃蟹持续跳动的心脏会使水解酶蔓延全身。经过数分钟或半小时后，螃蟹壳与它的肉体完全脱离，章鱼会把螃蟹翻转，从螃蟹背甲与脐部连接处撬开，然后把蟹肉吃得干干净净。

巧妙捕食小龙虾

小龙虾有坚硬的外壳，红色或红棕色的身体。而最显眼的部位是它那一对大螯，一旦遇到敌人，小龙虾就会挥舞大螯向对方示威。然而在章鱼面前，小龙虾的大螯完全不能发挥作用。章鱼会轻松地用触腕把小龙虾包裹起来，使它无法动弹，然后像对付螃蟹一样，从小龙虾的眼部向里面注射毒素，小龙虾很快就瘫软了。从这个过程中可以看出，对于虾、蟹来说，章鱼的唾液才是最致命的，并且章鱼的触腕十分柔软，抓捕虾、蟹十分有效，真正做到了以柔克刚，战无不胜。

海洋万花筒

小龙虾形似虾而甲壳坚硬。成体长5.6～11.9厘米，整体颜色包括红色、红棕色和粉红色。小龙虾的螯狭长，甲壳上明显具有颗粒。它们主要吃植物类，小鱼、小虾、浮游生物、底栖生物、藻类都可以作为它的食物。小龙虾自身无法产生虾青素，主要是通过食物链——食用微藻类等获取到虾青素，并在体内不断积累产生超强抗氧化能力。它体内的虾青素同时也成为一些捕食者垂涎的物质。

Part 2 章鱼生存本领强

海洋探秘系列 章鱼探秘

争夺"安全屋"

　　章鱼总是喜欢找一些坚硬的东西并躲在里面。因此，它会把找到的贝壳、海螺等当作安全屋。但是，喜欢这样的安全屋的可并不止它一个，还有一种螃蟹，也喜欢把这样的安全屋当作家，那就是寄居蟹。章鱼如果遇到寄居蟹抢先占领了安全屋，它会毫不犹豫地吃掉寄居蟹，然后占领它的房子，这对章鱼来说是非常惬意的事情。

海洋万花筒

　　寄居蟹又名"白住房""干住屋"，主要以螺壳为寄体。寄居的螺体最大直径可达15厘米以上。由于寄居蟹食性很杂，是杂食性的动物，从藻类、食物残渣到寄生虫无所不食，它们也因此被称为海边的清道夫。寄居蟹刚出生时本体较为柔软，容易被捕食，长大后，必须要找一个适合自己的房子，它们就会向海螺发起挑战，把海螺杀死后，占据坚硬的外壳，就有了属于自己的新家。

章鱼的克星

　　章鱼在捕食其他生物时，它自身鲜美的肉也会引起一些猎食者的觊觎，如抹香鲸、鲨鱼、玳瑁、海龟、海鳗等，这些动物可以称得上是章鱼的克星，章鱼遇见它们只能想着怎样逃离，而不是拼死搏斗，因为能打赢的概率太低了。这就好像螃蟹见到了章鱼，第一反应是逃走——虽然大多时候很难逃掉。偏偏有一种螃蟹，居然会跟海鳗合作，它会逗引章鱼接近海鳗的藏身之地，然后由海鳗突然发起袭击。章鱼此时只能喷墨逃生，若是被海鳗咬住了触腕，在被吃光之前，断腕逃生是章鱼最好的选择。

海洋万花筒

　　海鳗是一种生活在海底层的凶猛鱼类，它不仅与章鱼生活在相同的区域，而且也喜欢捕食虾、蟹等甲壳类动物。海鳗不仅与章鱼争夺食物，而且把章鱼列入了自己的食谱。由于海鳗扁长的身体，章鱼根本无法用8条触腕捆住海鳗，相反，它的触腕是海鳗喜欢的食物，所以，大多时候章鱼在遇到海鳗时都是逃之夭夭，躲开它的攻击。

Part 2 章鱼生存本领强

放"烟幕弹"逃生

章鱼和其他头足类动物一样都有一个装墨的囊,称为墨囊。而墨囊里面的墨汁就是它们用以逃生的"武器"。这是头足类动物最有代表性的特点。章鱼的捕猎手段主要依靠它们的触腕,而逃命的技能就要靠发射"烟幕弹"了。章鱼的伪装术也能躲避一些敌害的攻击,但是最有效的逃生方法还是喷射墨汁,毕竟突然出现的黑暗往往让许多猎食者不知所措,章鱼就可以趁机逃走。

烟幕弹的数量

章鱼遇到危险后,就会向敌害发射"烟幕弹",这种烟幕弹就是章鱼体内的墨汁,可以把周围海水染黑,形状如烟雾。那么章鱼究竟能发射几次烟幕弹呢?实际上,章鱼的墨囊里面所存储的墨汁很充足,最多可以连续喷射6次,而且喷射出去的墨汁大约半小时就可以恢复。章鱼每次遇到危险,基本上喷射一次或两次就能顺利逃脱了,很少会出现一次就用光烟幕弹的情况,不需要为章鱼担心。

烟幕弹的毒害作用

章鱼墨囊里的墨汁是它们自己调配出来的黏稠的混悬液,每毫升中含200毫克球形颗粒。章鱼喷出的墨汁除起烟幕作用之外,还有一定的麻醉作用,即便是一些体型较大的鱼,在这种液体的包裹中也会突然失去嗅觉和辨别方向的能力,章鱼就会抓住这个时机,快速逃离危险之地。

墨汁对人不起作用

章鱼的烟幕弹可以让敌害晕头转向,但是对人类并不会造成什么危害,毕竟墨汁的麻醉作用仅可以让一些小鱼、小虾难辨东西。人类所惧怕的是蓝环章鱼那样的剧毒物种,如果不小心被蓝环章鱼咬了一口,几分钟的时间就会丢掉性命,并且没有治疗的药物。

Part 2 章鱼生存本领强

章鱼墨汁的化学成分

　　章鱼墨汁的主要成分是水,其黑色的原因是墨汁中含有肉眼看不见的黑色颗粒。墨汁其实是黏稠的混悬液。章鱼墨汁里的颗粒有两层结构,一种是高密度的内核,另一种是低密度的外壳。内核就是所谓的墨黑色素。墨的化学成分为黑色素和蛋白多糖复合体。黑色素是吲哚醌的聚合物,与蛋白结合或不与蛋白结合。

海洋万花筒

　　章鱼的体内聚集着数百万个红、黄、蓝、黑等色素细胞,可以在一两秒钟内做出反应,调整体内色素囊的大小来改变自身的颜色,让自己迅速融入周围的环境,以此来逃避敌害的捕食。

章鱼的墨汁能制作笔墨吗？

章鱼的墨汁确实可以用来书写，但字迹只能维持一段时间，这是因为章鱼的墨汁和我们书写所用的墨汁的性质是完全不一样的。章鱼的墨汁是富含蛋白质的黏稠液体，会随着时间的流逝自然分解而最终消失，而我们所用的墨水主要成分为碳颗粒，而碳十分稳定，因此时间长了也不容易褪色。

海洋万花筒

章鱼墨汁含有丰富的蛋白质、脂肪、碳水化合物、钙、磷、铁、锌、硒以及维生素E、维生素B、维生素C等营养成分，吃了可以补充维生素。

Part 2 章鱼生存本领强

乌贼的烟幕弹

乌贼也称为墨斗鱼或墨鱼,它跟章鱼很相似,遇到强敌后也会喷射墨汁来逃离危险。乌贼平时在海底会做波浪式的缓慢运动,一旦遇到危险,就会以每秒15米的距离快速逃跑。乌贼的体内也有一个墨囊,它不仅能喷出墨汁把海水染黑,还可以通过身体的变色来躲避强敌的追踪。

奇闻轶事

宋代周密著作的《癸辛杂识续集》中说:"世号墨鱼为乌贼,何为独得贼名?盖其腹中之墨,可写伪契卷,宛斯如新,过半年,则淡然无字,故狡者专以此为骗诈之谋,故曰'贼'云。"就是说,狡猾的人向别人借钱,用乌贼墨写下借据,且久拖不还,这种墨初时很新鲜,过半年则淡然无字,若债主半年后催还,借债人索要借据时,就会发现借据已褪为白纸,无以为凭,借钱人就赖账不还了。于是人们把墨鱼汁看作是帮坏人行骗的工具,遂骂为乌贼。

鱿鱼的烟幕弹

鱿鱼也不是鱼类，它与乌贼、章鱼一样，是一种软体动物。在鱿鱼的体内同样有一个墨囊。因此，它也有喷射墨汁逃生的本领。但是与章鱼和乌贼相比，鱿鱼的喷墨技能要弱一些，而且鱿鱼也不会轻易喷墨。有一些巨型鱿鱼生活在深海之中，它们虽然不如章鱼的本领大，但是体型巨大，让一些捕食者望而生畏。

奇闻轶事

在距法国马赛不远的海底发现的一艘古希腊时期的沉船货舱中，装满了盛面用的双耳瓶和大型水罐，几乎每只里都有一只章鱼。这艘3层楼高的大船覆没给章鱼提供了数千幢好住宅。2000多年的时间里，章鱼祖祖辈辈都居住在这样的沉船里。

开动脑筋

1. 章鱼喷射的墨汁会使其他鱼类产生什么样的副作用？
2. 章鱼的墨汁会使人中毒吗？
3. 章鱼和乌贼谁的本领大？

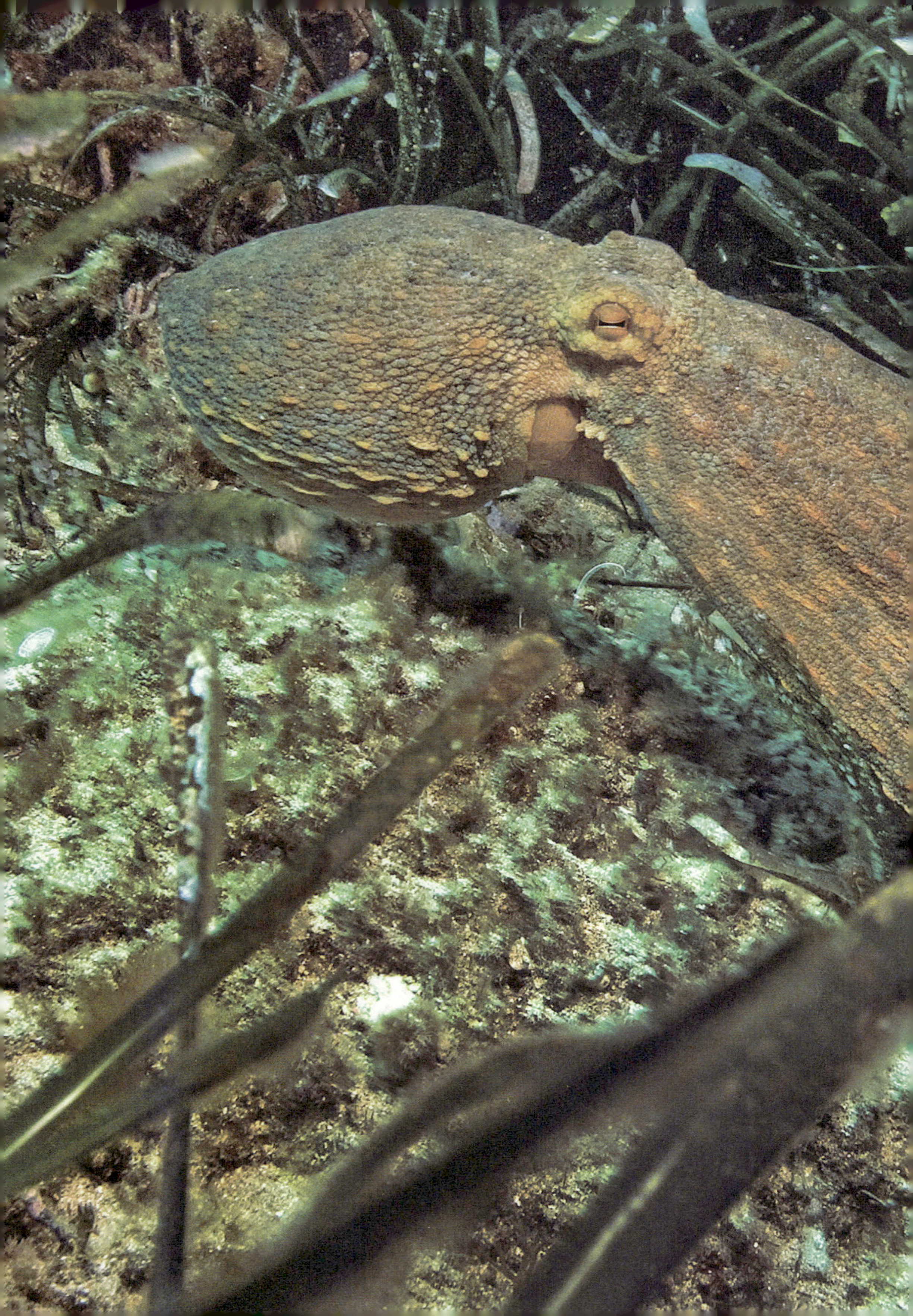

Part 3
章鱼的成长和繁殖

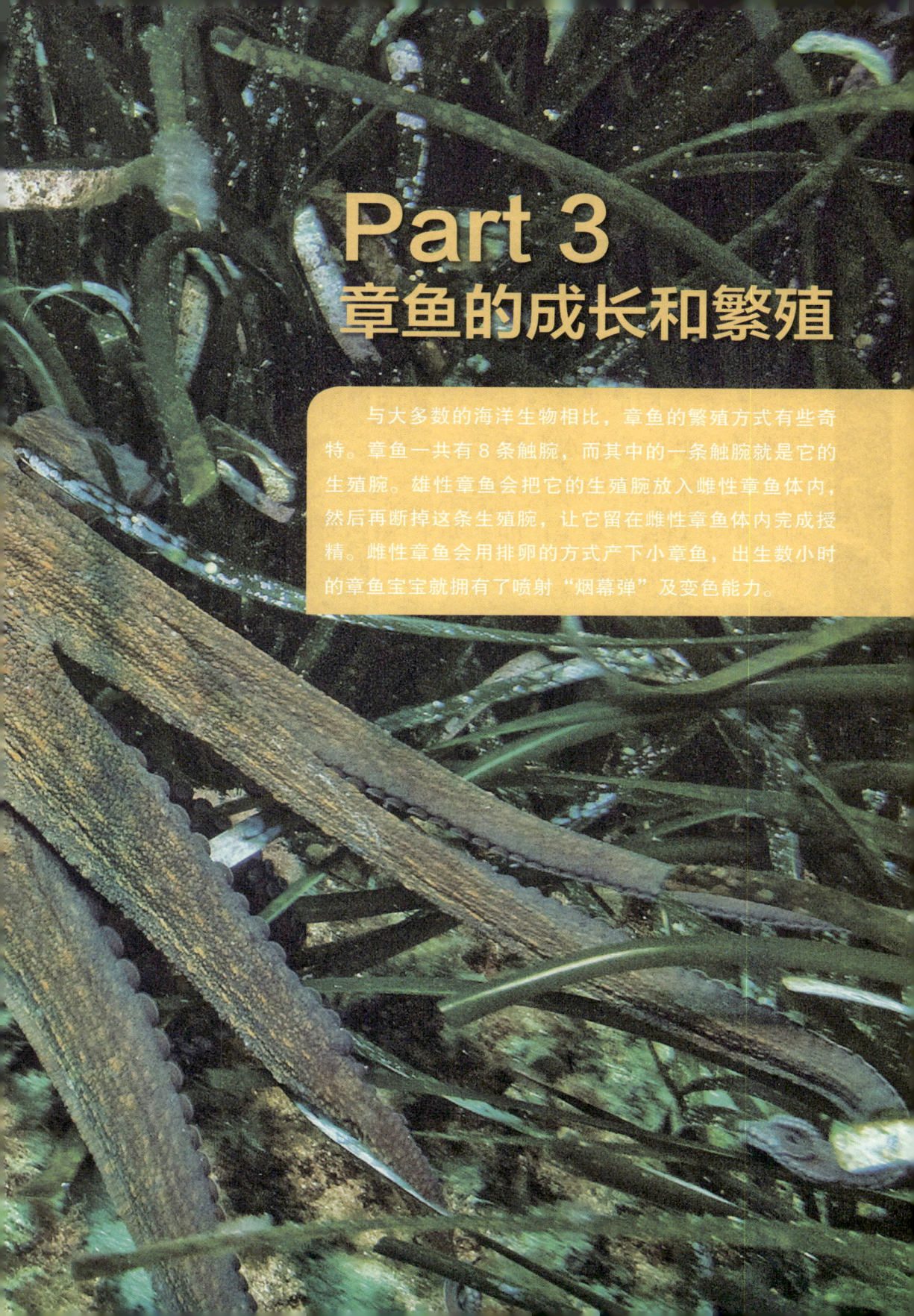

与大多数的海洋生物相比,章鱼的繁殖方式有些奇特。章鱼一共有8条触腕,而其中的一条触腕就是它的生殖腕。雄性章鱼会把它的生殖腕放入雌性章鱼体内,然后再断掉这条生殖腕,让它留在雌性章鱼体内完成授精。雌性章鱼会用排卵的方式产下小章鱼,出生数小时的章鱼宝宝就拥有了喷射"烟幕弹"及变色能力。

Part 3 章鱼的成长和繁殖

章鱼不可思议的繁殖方式

章鱼虽然生活在海里,但是它是一种软体动物,因此也有与鱼类不同的繁殖方式。章鱼的繁殖时间一般集中在春、秋两季,此时的海水温度大约为16℃,非常适宜章鱼繁殖后代。进入繁殖期的雄性章鱼会寻找或建造一个家,然后邀请雌性章鱼到它的家里产卵,如果雌性章鱼不喜欢这里,雄性章鱼还会强迫雌性章鱼进入它的家里产卵,而后会悉心照顾这些章鱼卵。

独特的生殖腕

雄性章鱼有8条触腕,其中有一条为特化腕,称为化茎腕或生殖腕,雄性章鱼通过这条生殖腕将精包直接放入雌性章鱼的外套腔内,为雌性章鱼授精。这条触腕基本不会用来行走、放哨。而其他触腕则会分工合作,进行捕猎、生活。

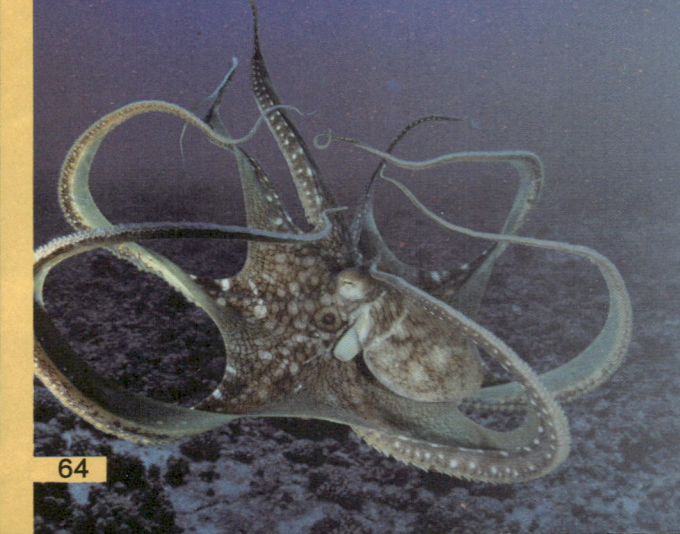

断腕为了繁殖后代

雄性章鱼授精的方式也比较特别，当雄性章鱼建造好自己的家后，它会找到心仪的雌性章鱼，然后把它的生殖腕放入雌体的外套腔内，而且雄性章鱼会把自己的生殖腕断掉，让这条生殖腕留在雌性章鱼的体内。这样做虽然可以使雌性章鱼增加受孕率，但是看起来却十分奇特，或许这就是章鱼的遗传基因造成的。

要命的生殖方式

章鱼的繁殖方式，对于它们来说，是一件要命的事情。雄性章鱼在完成授精之后，就会失去一条触腕，而失去生殖腕的雄性章鱼在未来的十几天都会郁郁寡欢，最终走向生命的尽头。为什么章鱼的一生是孤独的，从小就没有父母？这与它们的奇葩繁殖方式有很大的关系。

海洋探秘系列 章鱼探秘

Part 3 章鱼的成长和繁殖

花心的章鱼"爸爸"

  雄性章鱼在进入繁殖期后，首先要为雌性章鱼准备一个产卵的家，它把自己的家修建好以后，就会邀请雌性章鱼进入它的家，进行授精、产卵。但是章鱼"爸爸"在雌性章鱼产卵后并不会满足，它还会继续寻找雌性章鱼在它的小窝里产卵，直到它的小窝装满了章鱼卵。章鱼"爸爸"这样的做法，或许就像它把生殖腕断掉留在雌性章鱼的体内一样，希望自己有更多的后代来延续它们的章鱼家族，或许这也是章鱼得以在地球上存活了5亿年之久的法宝。

海洋万花筒

  每一只章鱼都是一个流浪汉、独行侠。它们没有和同伴交流的欲望，喜欢独居。虽然人们在海洋深处发现了"章鱼城"，但是这只是很少的一部分渴望改变的章鱼，大部分的章鱼都过着自由自在，"一人吃饱全家不饿"的生活。章鱼为什么这样，科学家也没有答案。

伟大的章鱼"妈妈"

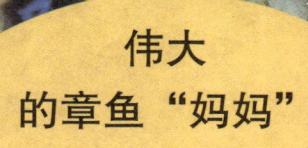

雌性章鱼可以称得上是一个伟大的"妈妈",它虽然对待敌人凶狠残忍,但是对待自己的子女却百般地慈爱,体贴入微,甚至累死也心甘情愿。章鱼"妈妈"会悉心照顾产下的卵,而且全心全意地照顾自己的孩子,等到孩子出生了,章鱼"妈妈"会躲在一边看着章鱼宝宝一个个从卵中出来,游向远方。然后,章鱼"妈妈"会安静地死去。这样的结局也就形成了章鱼宝宝自幼孤独、独立成长的特别形式。

悉心呵护鱼卵

章鱼是卵生,雌性章鱼一生中只繁殖一次。雌性章鱼每次会产下上万颗葡萄大小的卵,挂在洞穴的上方,看上去像是一串串葡萄做成的"门帘"一样。雌性章鱼会不吃不喝地守护在自己的孩子身边,不断挥舞着触腕,清洗着卵的外部,同时也把清新的空气送到自己孩子的身边。章鱼"妈妈"会一直照顾卵孵出小章鱼,然后看着新出生的章鱼宝宝随着浮游生物漂流到远处。幼小的章鱼宝宝会在漂浮的数周内逐渐长大,然后沉入水底隐蔽,开始自己的新生活。

海洋探秘系列　章鱼探秘

Part 3 章鱼的成长和繁殖

绝食只为了照顾宝宝

　　章鱼"妈妈"产卵后，不仅会悉心照顾它们，而且还不吃不喝，直到章鱼宝宝从卵中孵化出来，游向远方，章鱼"妈妈"才会依依不舍地离开。这样的生育形式可以说十分凄惨，章鱼"妈妈"不仅会因为养育自己的孩子而死亡，而且会在小章鱼出生的时刻离开它们，让小章鱼从小就没有父母的照顾，成为孤儿，独自在海洋里闯荡。

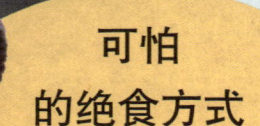

可怕的绝食方式

　　章鱼"妈妈"产卵后就开始绝食，通常在一周左右就会死亡。但是也有一些雌性章鱼选择的方式更激进，产卵后一周就自杀。雌性章鱼会用触腕撕扯身体、皮肤，扯裂开来，同时咬断其他触腕，整个场面可谓惨烈、狰狞。如果是水族箱里圈养的章鱼，它们有时会快速游动，一头撞向池壁、水槽。

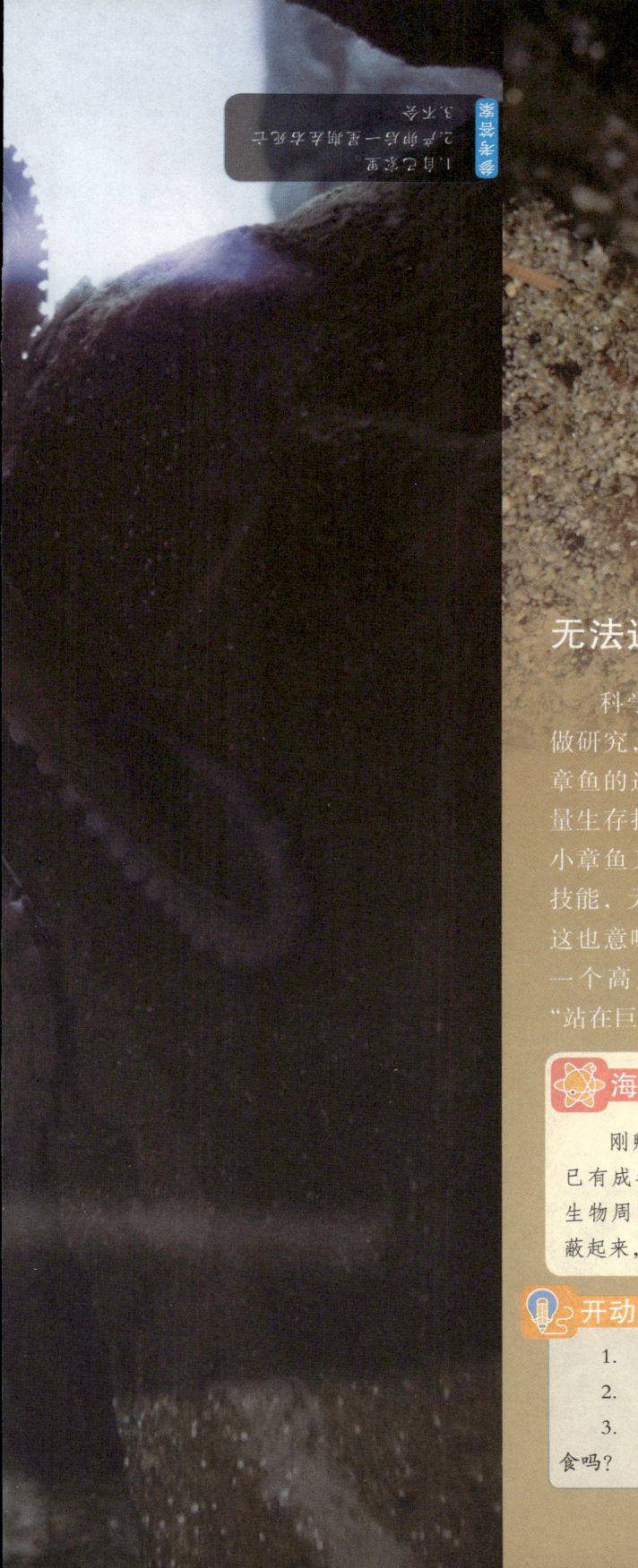

无法达到的高度

科学家对雄、雌性章鱼的死亡现象做研究，他们指出，正是因为雄、雌性章鱼的过早死亡，以至于它们积攒的大量生存技能无法得到传承，新出生的幼小章鱼又要重新摸索，学习所有的生存技能，无疑付出极大的时间、精力成本，这也意味着所有章鱼的技能只能达到某一个高度，却无法真正实现像人一样"站在巨人肩膀上看得更远"。

海洋万花筒

刚孵化出的幼体章鱼虽然体积小，但已有成年章鱼的外形，它们会盘踞在浮游生物周围数周，体积增大后则沉没水底隐蔽起来，再选择新的生活方式。

开动脑筋

1. 雌性章鱼在哪里产卵？
2. 雌性章鱼产卵后就会死亡吗？
3. 雄性章鱼在小章鱼出生后会绝食吗？

海洋探秘系列 章鱼探秘

Part 3 章鱼的成长和繁殖

章鱼的成长与捕猎

　　章鱼与其他动物相比，显得有些与众不同，因为它们不是从父母或者家族至亲那里学来的生存本领，它们所会的一切捕猎本领和生存方法，都是靠自己学习得到的。章鱼的这种聪明才智也常常让一些科学家感到困惑，为什么拥有多个大脑、3颗心脏的章鱼没有进化成高等动物，反而是人类统治了地球呢？但是，从章鱼存活的久远年代来看，它们能在地球上存活5亿年之久，绝非一种偶然，而是它们非常聪明地适应了各种生存环境，才能得以不断地延续种群。

刚出生的幼小章鱼

　　章鱼卵通常需要4周左右的时间才能孵化出章鱼宝宝，不同种类的章鱼孵化时间会有所不同。刚出生的幼小章鱼只有3毫米左右，它们出生后就会随着洋流漂浮，这个时期它们可以吃一些浮游生物，随着身体逐渐长大，大约45天的时间就可以长到10毫米以上，这时候它们能捕食一些很小的鱼、虾等生物。成长中的小章鱼会沉入海底，寻找自己觅食和安居的场所。

孤独的章鱼宝宝

　　章鱼宝宝从一出生开始就是一个孤儿，它们的双亲要么不在身边，要么死去。没有至亲教它们怎么生活，也不会有老师教它们如何捕猎。在海洋这个弱肉强食的世界里，章鱼宝宝要存活、长大，一切只能靠自己。虽然小章鱼可以靠自己的聪明快速学会适应环境，学会生活，但是它们能够真正存活下来并长大的数量百不存一。

独立生活

　　章鱼宝宝刚出生的时候虽然有众多的兄弟姐妹，但是它们所拥有的除了父母给它们的遗传基因以外，就什么都没有了。它们需要在极短的时间里"自学成才"。在小章鱼成长的过程中，它们那发达的大脑，分布式的神经元提供了很大帮助。章鱼宝宝出生数小时就拥有了喷射"烟幕弹"的能力，以及变色隐身的能力。这个时候，它们需要躲避天敌的捕猎，耐心地等待自己长大。

海洋探秘系列 章鱼探秘

Part 3 章鱼的成长和繁殖

躲避天敌的猎捕

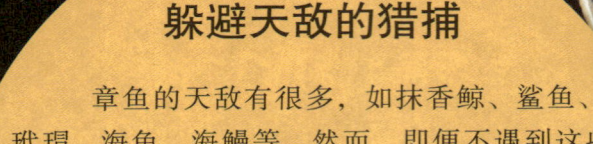

章鱼的天敌有很多，如抹香鲸、鲨鱼、玳瑁、海龟、海鳗等。然而，即便不遇到这些天敌，章鱼宝宝仍然打不过那些体型巨大的鱼类，它们只能依靠自己独特的逃生本领来躲避各种危险。章鱼的逃生本领主要有伪装和"烟幕弹"两项，幼小的章鱼不需要练习，就能把伪装做到极致，让许多捕猎者失去目标。而它们的"烟幕弹"技能更是百不失一，在猎食者晕头转向之时，章鱼宝宝早已逃之夭夭，躲避到一个安全的地点了。

在捕猎中成长

小章鱼在成长的过程中不仅要躲避天敌的猎食，同时也要学习如何捕猎，毕竟没有猎物当作食物是无法健康成长的。小章鱼通常会躲开那些体型巨大的猎物，它们把目光瞄向了那些小鱼、小虾，特别是那些虾类，是小章鱼的最爱。虾的身体里含有虾青素，这是小章鱼成长过程中必不可少的元素。因此，小章鱼从成长的一开始，就与小虾结下了不解的冤仇，一旦双方相遇，一定会拼个你死我活。

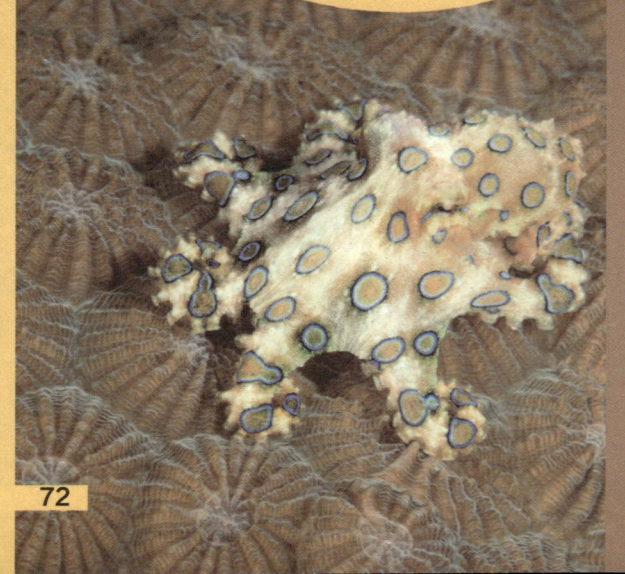

72

受歧视的章鱼宝宝

见过章鱼的人，或许会感觉不太舒服，虽然大部分的普通章鱼都是可食用的。除了章鱼长得太丑以外，人们还感觉到章鱼的凶残和诡计多端，这是人们不喜欢的。不只是人类看着不舒服，就连水中的生物也嫌弃它们，长得又丑还很危险，动不动就张开8条触腕拥抱，被章鱼抱住的海洋生物必死无疑。或许正是受到歧视，没有朋友，从而养成了章鱼自小孤独、独来独往的特异个性。

海洋万花筒

动物界会"断腕求生"的动物有很多，海洋中最有名的是章鱼、海星，陆地上最有名的是壁虎。当壁虎遇到强敌或被敌人咬住时，往往一番挣扎后，就会自动把尾巴丢掉。它们这种功能在生物学中叫作"自截"。"自截"现象可以在尾巴的任何部位发生。科学家经过研究发现，壁虎断尾并不是直接在两个尾椎骨之间分离，而是在同一椎体中部的特殊软骨横隔处断开。而章鱼则可以断掉2/3的触腕。

Part 3 章鱼的成长和繁殖

海洋探秘系列 章鱼探秘

寻找自己的新家

　　章鱼也会有休息睡觉的时候，而它们很害怕在睡觉的时候被偷袭，那样的后果是致命的。因此，章鱼从幼小时就学会了寻找自己的新家。小章鱼往往会寻找一些洞穴或岩石缝隙，即便是很狭小的空间，它们也会钻进去休息，或许空间越是狭小，它们就感觉越安全。在寻找新家的过程中，章鱼也在不断地通过自己的大脑学会建造新家。特别是在章鱼进入繁殖期以后，给雌性章鱼建造一个产卵的家，更是必不可少的行为。

海洋万花筒

　　章鱼喜暗、喜静，一般都会躲藏起来。章鱼对于栖息的环境有很大的要求，一般生存于热带和温带海域，喜欢栖身于海螺壳中或者贝壳类中。人工环境下，章鱼的栖息场所也是产卵附着基。自然环境下，章鱼会选择坚固的泥洞顶部作为产卵附着基。

捕猎凶猛的鲨鱼

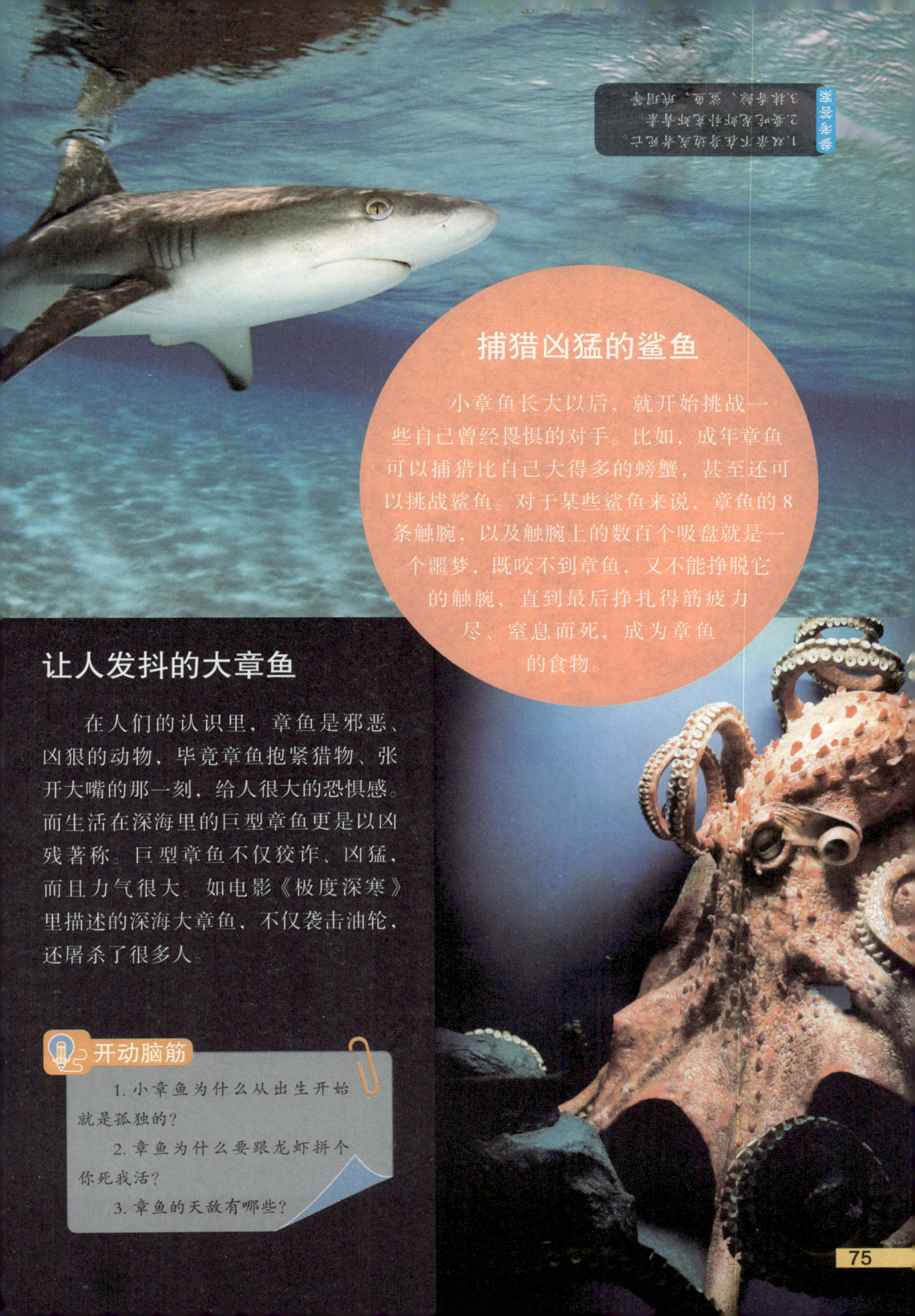

小章鱼长大以后，就开始挑战一些自己曾经畏惧的对手。比如，成年章鱼可以捕猎比自己大得多的螃蟹，甚至还可以挑战鲨鱼。对于某些鲨鱼来说，章鱼的8条触腕，以及触腕上的数百个吸盘就是一个噩梦，既咬不到章鱼，又不能挣脱它的触腕，直到最后挣扎得筋疲力尽、窒息而死，成为章鱼的食物。

让人发抖的大章鱼

在人们的认识里，章鱼是邪恶、凶狠的动物，毕竟章鱼抱紧猎物、张开大嘴的那一刻，给人很大的恐惧感。而生活在深海里的巨型章鱼更是以凶残著称。巨型章鱼不仅狡诈、凶猛，而且力气很大。如电影《极度深寒》里描述的深海大章鱼，不仅袭击油轮，还屠杀了很多人。

开动脑筋

1. 小章鱼为什么从出生开始就是孤独的？
2. 章鱼为什么要跟龙虾拼个你死我活？
3. 章鱼的天敌有哪些？

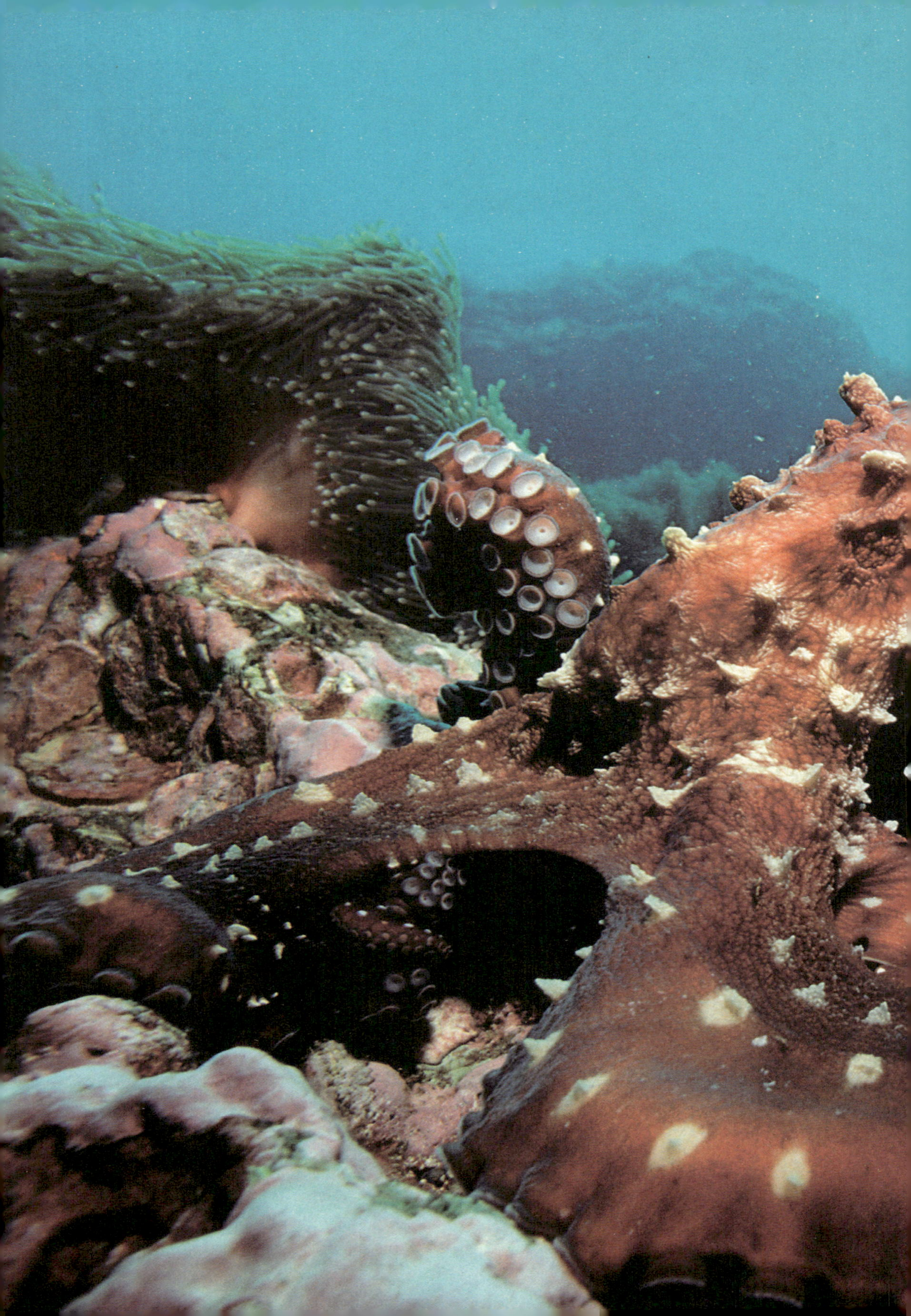

Part 4
各种各样的章鱼

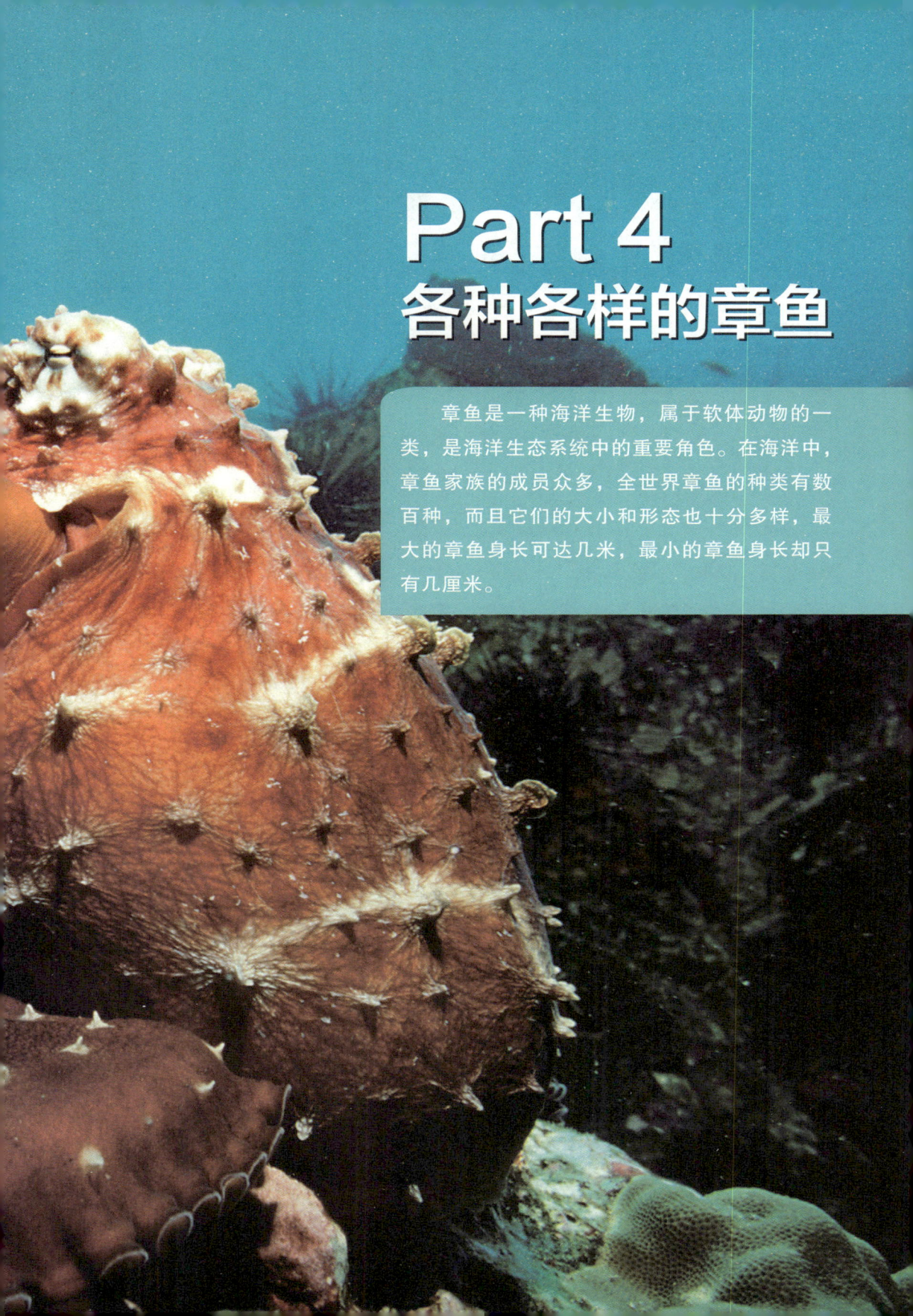

章鱼是一种海洋生物，属于软体动物的一类，是海洋生态系统中的重要角色。在海洋中，章鱼家族的成员众多，全世界章鱼的种类有数百种，而且它们的大小和形态也十分多样，最大的章鱼身长可达几米，最小的章鱼身长却只有几厘米。

海洋探秘系列 章鱼探秘

Part 4 各种各样的章鱼

太平洋巨型章鱼

太平洋巨型章鱼是体型最大的章鱼，它们的寿命很长，体型巨大。人们最早发现巨型章鱼是在1896年，当时在圣·奥古斯丁海滩，有两个正在玩耍的男孩发现了一个巨大的白色生物体，它有6~7米长，约2米宽，重达7吨；而且肉体非常有弹性。当地的医生、动植物学家、摄影师和新闻记者等都前来确认这个不明生物。

巨型章鱼的命名

曾经有人在沙滩上发现了一个体型巨大的怪物，当时最有名的头足类动物专家、耶鲁大学的阿狄森博士赶到了现场，他断定这是一种未知巨型章鱼的尸体，并且给它起了一个"科学"名称——"巨型章鱼"。阿狄森博士在书中写道："巨型章鱼活着的时候，有令人恐惧的臂，每条臂至少有30米长，有一艘大船的桅杆那么长。它有着数以百计的碟状吸盘，最大吸盘的直径至少是0.3米。"而普通章鱼的两臂伸直最长纪录不过6米。

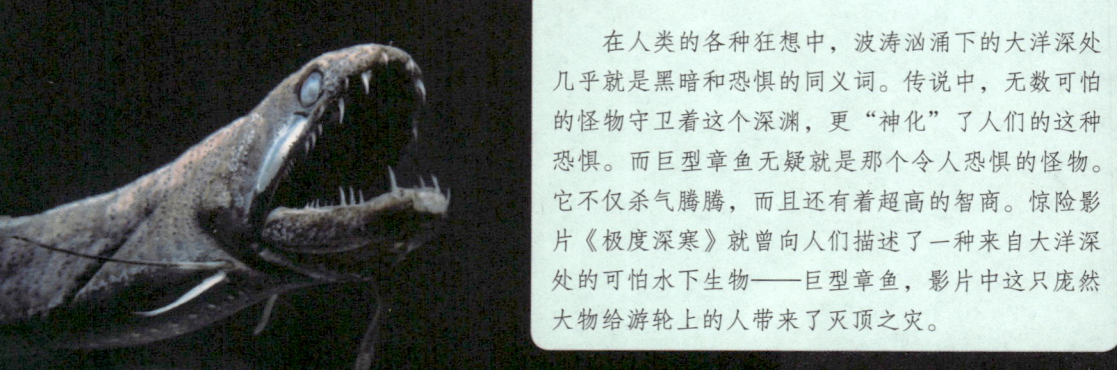

奇闻轶事

在人类的各种狂想中，波涛汹涌下的大洋深处几乎就是黑暗和恐惧的同义词。传说中，无数可怕的怪物守卫着这个深渊，更"神化"了人们的这种恐惧。而巨型章鱼无疑就是那个令人恐惧的怪物。它不仅杀气腾腾，而且还有着超高的智商。惊险影片《极度深寒》就曾向人们描述了一种来自大洋深处的可怕水下生物——巨型章鱼，影片中这只庞然大物给游轮上的人带来了灭顶之灾。

以鲨鱼为食物的巨型章鱼

鲨鱼是海洋中的霸主，一般动物都不敢轻易招惹它们，但鲨鱼真的没有敌人吗？其实，鲨鱼也有害怕的动物，那就是章鱼。章鱼的实力不容小觑，它们不仅有极强的伪装能力，还拥有超高的智商。章鱼会隐藏在海底礁石附近，当大鲨鱼从旁边游过时，隐藏的章鱼会突然发动攻击，用吸盘牢牢吸附在鲨鱼身上，这时的鲨鱼没有丝毫还手之力，最终成为章鱼的食物。其实，这种能把鲨鱼当作食物的章鱼就是巨型章鱼。

章鱼中的巨无霸

相比于那些体长只有几厘米的章鱼，太平洋巨型章鱼简直就是一个巨无霸。人们已知的一只太平洋巨型章鱼体长达到9.1米，重达272千克，可以说十分巨大。太平洋巨型章鱼通常都能长到5~6米，重达50千克，寿命可达4年。

大块头狡诈凶恶

太平洋巨型章鱼的头又大又圆，通常为红褐色。它们通过特有的色素细胞达到改变颜色的目的，甚至能够和图案复杂的珊瑚、植物、岩石巧妙地混为一体。它们的智商很高，能学会开罐头，模仿其他的章鱼，在实验中顺利通过迷宫。在夜晚时，这些恐怖的巨型章鱼就会出洞，开始捕食虾、蛤蜊、龙虾和鱼，甚至攻击和吞食鲨鱼，还有鸟类。不明真相的渔民见到它们，会以为见到了可怕的怪物。

海洋探秘系列 章鱼探秘

Part 4 各种各样的章鱼

蓝环章鱼

蓝环章鱼又名环蛸，它是一种体型很小的章鱼，身体颜色为黄褐色，因为身体上的鲜艳蓝环而得名。当蓝环章鱼遇到危险时，身上和爪上深色的环就会发出耀眼的蓝光，向对方发出警告信号。千万不要因为蓝环章鱼体型小就轻视它的警告，蓝环章鱼分泌的毒液足以在一次啮咬中就夺人性命。由于还没有解毒剂，因此，它是已知的最毒的海洋生物之一。它尖锐的嘴能够穿透潜水员的潜水服。

奇闻轶事

曾经在澳大利亚北部海域，有一名潜水员被蓝环章鱼咬伤后，引起呕吐、呼吸障碍、运动失调、手足痉挛，医生对这种毒素也束手无策，最后这名潜水员全身麻痹而死。

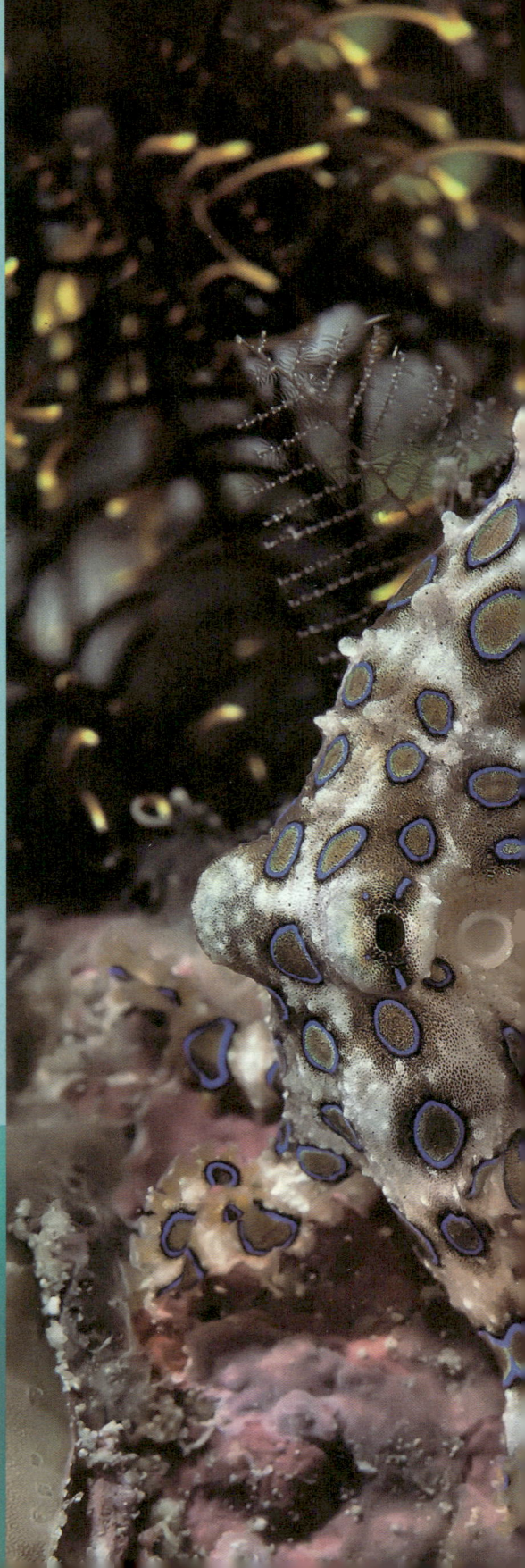

剧毒猎手

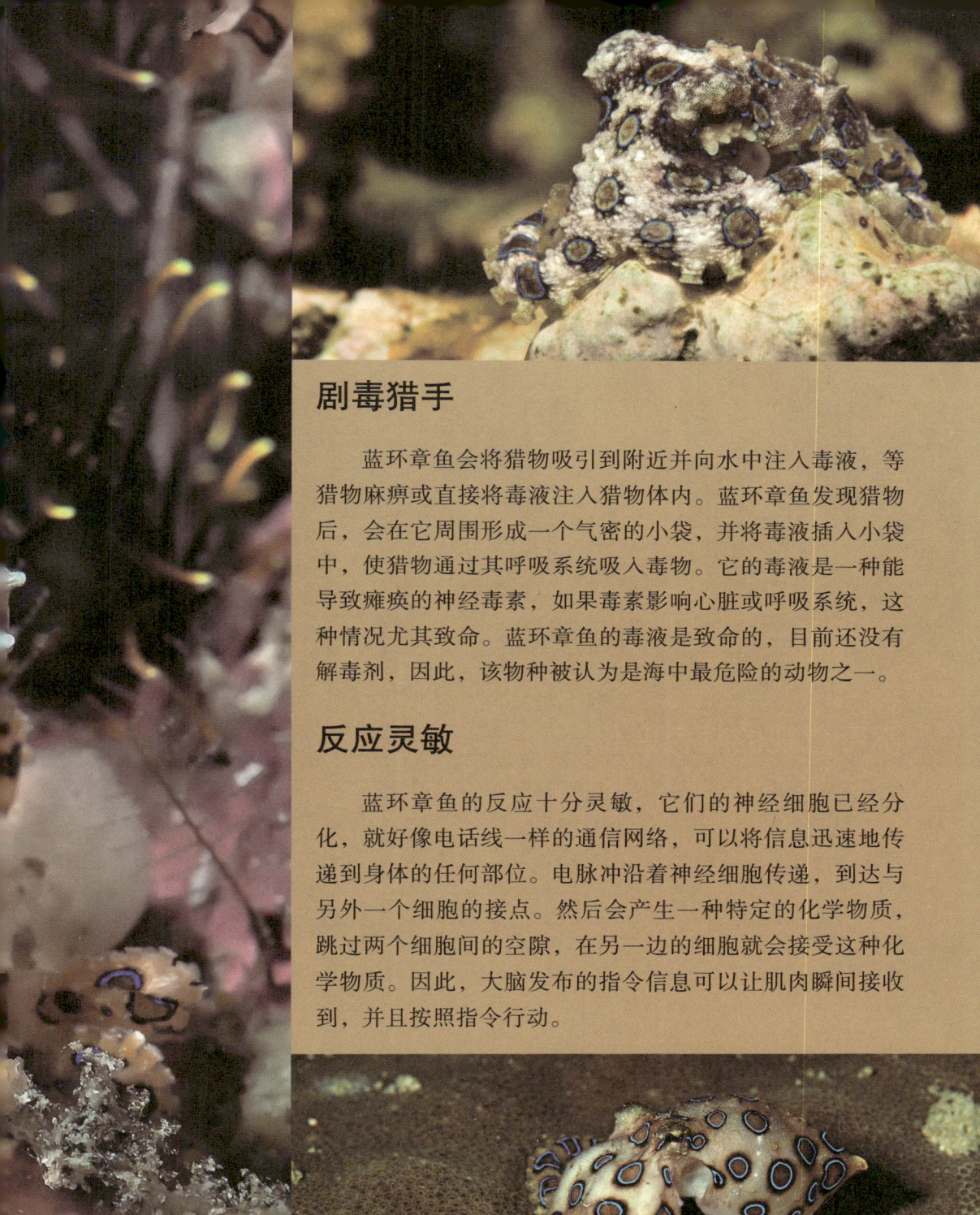

蓝环章鱼会将猎物吸引到附近并向水中注入毒液，等猎物麻痹或直接将毒液注入猎物体内。蓝环章鱼发现猎物后，会在它周围形成一个气密的小袋，并将毒液插入小袋中，使猎物通过其呼吸系统吸入毒物。它的毒液是一种能导致瘫痪的神经毒素，如果毒素影响心脏或呼吸系统，这种情况尤其致命。蓝环章鱼的毒液是致命的，目前还没有解毒剂，因此，该物种被认为是海中最危险的动物之一。

反应灵敏

蓝环章鱼的反应十分灵敏，它们的神经细胞已经分化，就好像电话线一样的通信网络，可以将信息迅速地传递到身体的任何部位。电脉冲沿着神经细胞传递，到达与另外一个细胞的接点。然后会产生一种特定的化学物质，跳过两个细胞间的空隙，在另一边的细胞就会接受这种化学物质。因此，大脑发布的指令信息可以让肌肉瞬间接收到，并且按照指令行动。

Part 4 各种各样的章鱼

海洋探秘系列 章鱼探秘

不可忽视的颜色变化

蓝环章鱼的身体颜色可以变化，它们身体的毒性可以由它们自身的颜色显示。它们的皮肤含有颜色细胞，可以随意改变颜色。通过收缩或伸展，改变不同颜色细胞的大小，蓝环章鱼的整个模样就会改变。因此，当蓝环章鱼在不同的环境中移动时，它们可以使用与环境色相同的保护色。

致命武器

蓝环章鱼如果受到威胁，它们身上的蓝色环就会闪烁，蓝环章鱼因此而得名。这些蓝色环上的细胞密布着反射光形成的灿烂而有颜色的水晶。蓝环章鱼利用这些独一无二的环对其他生物发出警告：自己拥有致命武器。

生活环境

蓝环章鱼喜欢在温暖的海域生活,最常见于岩石、浅水水域或浅珊瑚礁群,以及岩石下的沙质或泥泞的底部,一般生活在藻类丰富的区域。蓝环章鱼个性害羞,白天喜欢躲藏在石下,晚上才出来活动和觅食。如果遇到危险,它们会发出耀眼的蓝光,向对方发出警告。蓝环章鱼只有高尔夫球大小。如果不去招惹它们,基本不会发起主动攻击。

海洋万花筒

蓝环章鱼与箱水母是两种最毒的海洋生物,它体内的毒液可以在发作后数分钟内置人于死地。幸运的是,蓝环章鱼并不好斗,很少攻击人类。该物种的毒液可以利用。澳大利亚的主要产业之一是其毒液产业,其中斑点豹纹蛸起着重要作用。

开动脑筋

1. 当蓝环章鱼身体发出耀眼的蓝光时,代表着什么含义?
2. 蓝环章鱼喜欢在什么海域生活?
3. 蓝环章鱼的毒液可以防治吗?

Part 4 各种各样的章鱼

拟态章鱼

　　拟态章鱼是自然界中的顶级伪装高手，它们仅用不到1秒就能让自身与任何背景颜色及图案相一致。拟态章鱼虽然是一种海洋生物，但是跟陆地上的变色龙比较起来丝毫也不逊色。它们柔软的身体可以任意地改变形状和身体颜色。它们的正常体色是带着斑点的褐色，但是可以模拟多种环境和其他海洋生物，如比目鱼和海蛇等。

神奇的"色包"

　　拟态章鱼的身体有数万个色袋，叫作"色包"，它们靠一个复杂的肌肉网络控制。"色包"中含有色素，并靠色素来表现多种色度。"色包"能够帮助它们瞬间将自己的皮肤改变成与周围环境及背景一致的颜色和图案，非常神奇！虽然其他种类的章鱼也会变色这种伪装本领，但是拟态章鱼才是同类中的高手。

天敌模仿者

拟态章鱼不仅能通过伪装躲避天敌的捕食，它们还可以模拟天敌的天敌，吓退那些试图吃掉它们的猎食者。拟态章鱼可以将自己的两条触腕伸出洞穴外，在几秒钟内从淡米色变为黑白相间的亮条纹，再变成棕黑色，这样看起来就像有斑纹的有毒海蛇。为了进一步制造假象，它们还会使触腕在两个不同的方向摆动，做出海蛇要发动袭击时的模样。它们还能用触腕将自己团团围住，变成类似树叶的形状，然后在海床上滑行，这样看起来像是盘绕着的有毒海蛇。

高智力的伪装者

拟态章鱼无骨、无刺，也没有蓝环章鱼那样的毒素，当它们在河口水域活动时，常常遭遇危险。这种水域内有很多贝类、虾蟹等拟态章鱼喜欢的食物，也经常有大型的鲨鱼和梭鱼等觅食者光顾。因此，拟态章鱼就会模拟有毒的海蛇，还会在海水中滑行时将腕臂都展开，模仿出狮子鱼的有毒脊骨，或者将腕臂绞成花瓶状伸到身体上方，模仿出带刺的海葵。这既显露了拟态章鱼高超的伪装本领，也体现了它们拥有很高的智力。

开动脑筋

1. 拟态章鱼可以变化成什么海洋生物的模样？
2. 玻璃章鱼是透明的吗？
3. 玻璃章鱼拥有一双什么样的眼睛？

奇闻轶事

1999年，海洋科学家马克·诺曼博士和另外一名海洋生物学家在印度尼西亚的苏拉威西岛亲眼看到了拟态章鱼的绝技。"我看到它的时候太激动了，都拿不稳摄像机了。"诺曼博士说。"我以前听其他人提到过，但是你只有亲眼看到，才会真正相信它们的存在。摄像机能帮你记录下这个真实的故事。"

Part 4 各种各样的章鱼

烙饼章鱼

烙饼章鱼的学名叫作加利福尼亚面蛸。它很有特点，8条触腕类似幽灵蛸的，就像脚蹼一样连在一起。触腕非常短小，在吸盘的周围会有毛刺，触腕张开时身体呈伞状，在游动的时候就像一副降落伞在昏暗的海水中时上时下。烙饼章鱼的身体为透亮的橙红色，当它们的触腕张开，它们几乎是扁平的，所以得到了一个特别形象的名称：烙饼章鱼。烙饼章鱼属于小型章鱼，体型最大可达20厘米。

奇闻轶事

烙饼章鱼因为呆萌的形象而受到大众喜爱，在2003年的电影《海底总动员》中就有出场。另外，《星之卡比3》中的粉色史莱姆形象也是借鉴了这种小章鱼。

小猪章鱼

2019年7月22日,美国海洋研究团队在夏威夷附近水域水下1385米的巴尔米拉环礁发现了一只俗称"小猪章鱼"的罕见生物。这只小猪章鱼体长大约有10厘米,有一双黑亮的大眼睛,脸部有像猪鼻子的虹吸管,触腕长在头上,身形小且圆胖,看起来像猪又像鹿。

憨态可掬的小猪章鱼

小猪章鱼的身形像一个圆滚滚的小胖子,有如卷起的毛发般的触角,覆盖在大眼睛的上方。皮肤上面的图案,在眼睛下方形成一个咧嘴的笑容,给人一种憨态可掬的形象。它也因为圆圆的身体和卷曲的触腕而得到小猪章鱼这个名称。小猪章鱼主要通过装满氨气的内腔调节浮力,即便是靠近它们拍摄,它们也能处变不惊。

Part 4 各种各样的章鱼

海洋探秘系列 章鱼探秘

斑点豹纹蛸

　　斑点豹纹蛸是一种小型章鱼。它们的身体表面呈灰色，身体和触腕上有浅棕色斑块。身体表面比较粗糙，有一些皱纹覆盖在上面。斑点豹纹蛸刚出生时，体长还不到4毫米，成年后大约可以达到20厘米。它们喜欢在岩石下的沙质或泥泞的底部和藻类丰富的区域生活。主要分布在印度洋至太平洋，包括日本、菲律宾等海域和我国台湾沿海浅水礁。

色素细胞被激活

　　斑点豹纹蛸在遭到触摸和威胁时，称为"色素细胞"的皮肤中的特殊色素细胞被激活，体表和腕臂上显示多达60个虹彩蓝环和斑点，这些青蓝色萤光斑点和蓝色环纹很明显。通常，它们可以变为灰色、米色、深棕色、深黄色或棕黄色。当青蓝色萤光斑点和蓝色环纹出现时，代表斑点豹纹蛸正在警告接近它们的对手。

海洋小百科

1. 横纹面。
2. 黄色、米色、深棕色、深褐色或棕褐色。
3. 黑蓝色大眼睛,眼柄像清晰于脑袋长在头上,身体小且圆胖,有胡须像深入嘴角。

含有河豚毒

斑点豹纹蛸的唾液腺和卵巢含有河豚毒,它们在捕猎时,会将猎物吸引到附近并在猎物的周围形成一个气密的小袋,然后向水中注入毒液,使其麻痹或直接将毒液注入猎物身体内。斑点豹纹蛸的毒液是一种能导致瘫痪的神经毒素,如果毒素影响心脏或呼吸系统,这种情况尤其致命。迄今为止,没有解该毒液的抗毒素。

奇闻轶事

斑点豹纹蛸的唾液腺和卵巢含有的毒素毒性很强,在澳大利亚曾发生过有人潜水被它咬上一口,最后中毒死亡的事件。也有日本渔民曾捕获斑点豹纹蛸食用,而后发生食物中毒危及生命的事情。

开动脑筋

1. 烙饼章鱼身体的颜色是什么样的?
2. 斑点豹纹蛸遇到危险会变成什么样的颜色?
3. 小猪章鱼是什么样的外在形象?简单描述一下。

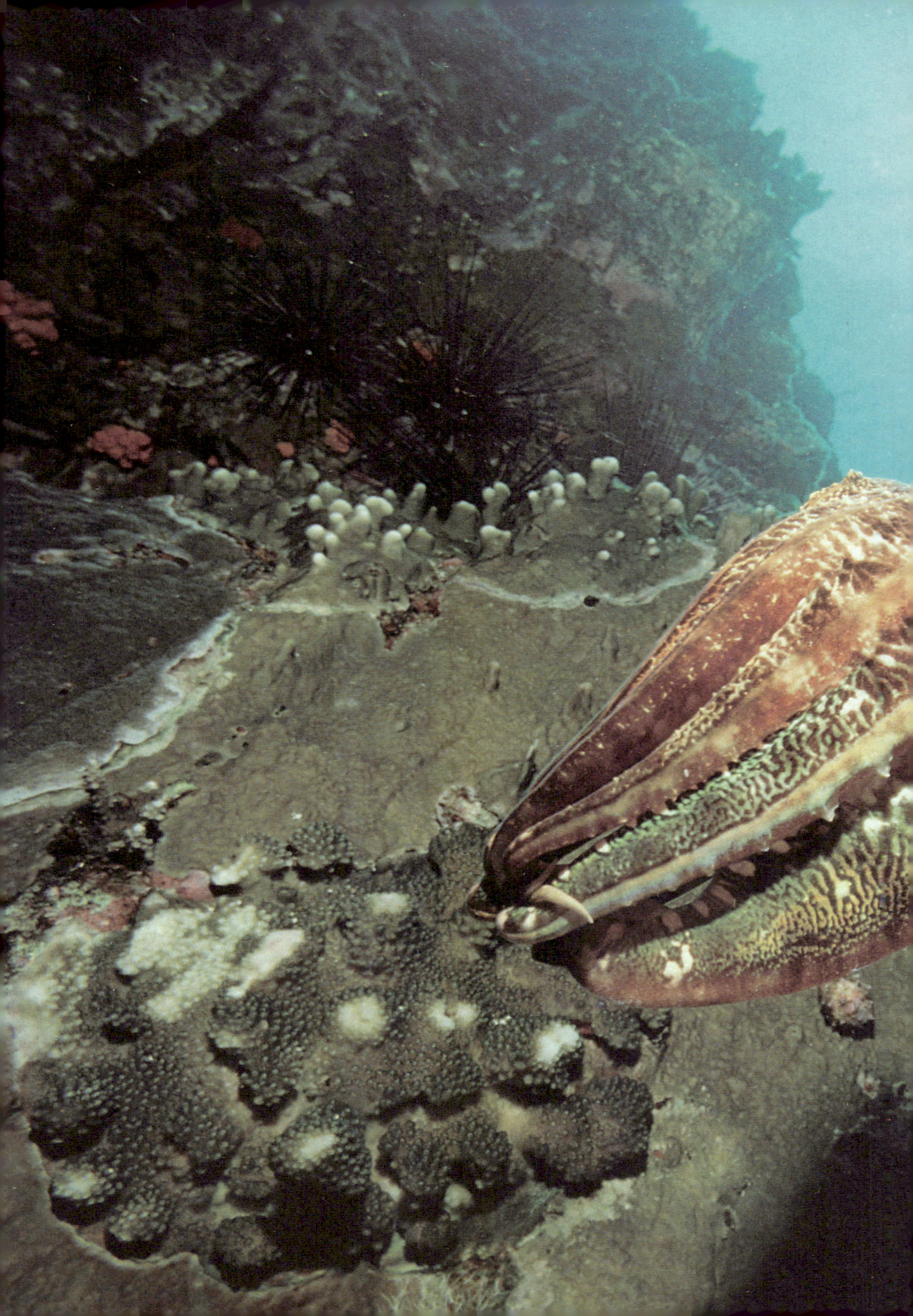

Part 5
章鱼的远亲

　　鱿鱼是章鱼的远亲,它们与章鱼在外观上有很大的区别,章鱼长了8条触腕,并且上面有许多吸盘,人送外号"八爪鱼"。而鱿鱼却多了两条触腕,拥有10条触腕。鱿鱼的脑袋比章鱼更狭长,接近于菱形,一些体型巨大的鱿鱼甚至被称为深海怪兽。乌贼也是章鱼的远亲,乌贼是乌贼科、乌贼属的动物,鱿鱼则是枪乌贼科的动物,它们之间还是有很大区别的。

Part 5 章鱼的远亲

乌贼大家族

乌贼别称墨斗鱼或墨鱼，和章鱼有很多共通之处，比如，都会释放"烟幕弹"，改变身体颜色进行伪装等。乌贼的触腕要比章鱼多2条，有10条触腕，其中有2条触腕比较长。有些乌贼的长脚上还长着爪子，它们既是捕捉食物的工具，也是同"敌人"搏斗的武器。乌贼的食物以鱼、虾为主。有些乌贼会跃出海面，具有惊人的空中飞行能力。乌贼与章鱼、鱿鱼同属海洋软体动物，并非鱼类。

针乌贼

针乌贼的体型比较小，身体显得有些瘦长，各条触腕的长度相差无几，游泳能力比较差。针乌贼遇到天敌时也会喷出墨汁，染黑海水，然后借机逃走。针乌贼的喷墨能力很强，比鱿鱼的喷墨能力要强很多，而且墨汁含有一定的毒素，会麻痹敌害的感觉器官。在每年的4月间，针乌贼会随水流进入沿岸海域，形成大小不等的集群。

小管枪乌贼

小管枪乌贼的身体呈圆锥形，它身体的长度大约是身体宽度的4倍。它有两个呈纵菱形的鳍，大约为身体的一半长度。小管枪乌贼有10条触腕，每条触腕具有两行吸盘，大吸盘角质环具有很多大小相近的尖齿，小吸盘角质环也具有很多大小相近的尖齿。在它身体直肠的两侧各有一个发光器，这使它能够在昏暗的海底发出光亮，吸引猎物靠近。

海洋万花筒

章鱼与乌贼的区别：章鱼有8条触腕，乌贼有10条；章鱼身体柔软，乌贼长有硬骨；章鱼头部是短圆的，乌贼的头是长圆的；章鱼用触腕在海底缓慢爬行，乌贼能在海中快速游动。

Part 5 章鱼的远亲

海洋探秘系列 章鱼探秘

金乌贼

　　金乌贼属于中型乌贼，身体通常可以长到20厘米。金乌贼的身体呈黄褐色，身体上有紫色与白色细斑相间，雄体阴背有波状条纹，在阳光下呈金黄色光泽。雄性金乌贼左侧的第4条触腕特化成生殖腕，还有一对比较短，稍超过胴长，吸盘约10行，又小又密。壳背面有坚硬的石灰质粒状突出，自后端开始略呈同心环状排列，后端骨针粗壮。

同类相残的金乌贼

　　金乌贼是一种肉食性动物，刚出生不久的金乌贼会寻找一些小型甲壳类和端足类动物为食。再大一些后会捕食黄鲫、梅童鱼、鳀等小鱼。成年的金乌贼会捕食扇蟹、虾蛄、鹰爪虾、毛虾等猎物，还会发生同类相残的事情。金乌贼是一种喜欢集群生活的软体动物，它们的游泳速度比较慢，有中下层洄游的习性，每年4月开始离开越冬场，呈辐射型向黄海、渤海沿岸各产卵场进行生殖洄游。

金乌贼的繁殖方式

金乌贼喜欢在温暖的水域生活、繁殖。金乌贼长至一年左右就会达到性成熟，然后进入繁殖期。金乌贼的繁殖过程比较复杂，有求偶、追偶、争偶、交配、产卵、扎卵等。它们一生中只繁殖一次，每只雌性金乌贼在一个产卵过程中会产卵几十颗到几百颗，每天的平均产卵数从几颗到几十颗。在繁殖季节中，一个雌体产卵总数为1500～2500颗，一个雄体所带有的精荚数为250～750个。生殖集群式的雌雄比因时间、空间不同而有所变化。

海洋万花筒

金乌贼是我国沿海重要的经济品种，其肉厚，味道鲜美，可鲜食，也可加工成干品墨鱼干。雄性生殖腺和雌性缠卵腺分别可加工成乌鱼穗和乌鱼蛋，均为海味佳品。金乌贼的主要渔场有6个：日本雄野滩渔场、日本濑户内海渔场、中国山东岚山头渔场、中国山东青岛渔场、济州岛渔场、黄海中部和北部渔场。

Part 5 章鱼的远亲

小飞象章鱼

　　小飞象章鱼虽然名字里有"章鱼"两个字，但是它并不是章鱼，而是须蛸科的软体动物。小飞象章鱼外表看起来十分可爱，因为它的鳍长得很像大象的耳朵，所以就以迪士尼动画《小飞象》来命名。小飞象章鱼的皮肤比较光滑，肌肉松软，有两只"耳朵"和一个"长鼻子"。小飞象章鱼的外套腔开口为一条窄缝，有一个比较短小的漏斗。它们通常生活在海底，可以活3~5年之久。

海洋万花筒

　　美国杜克大学科学家约翰森观测到，当小飞象章鱼被打扰时，它们会张开自己的触腕，尽可能地展露所有的发光器官，试图吓唬和赶走不速之客。

会发光的小飞象章鱼

与其他的同类比起来，小飞象章鱼有一门绝技，那就是身体可以发光，这在幽暗的深海中具有很大的吸引力。一些小型甲壳类、多毛类和桡足类动物，会被小飞象章鱼发出的光吸引，当它们靠近小飞象章鱼时，小飞象章鱼就会立刻抓住它们，并通过身体所产生的一种黏液网困住对方。这些猎物都是小飞象章鱼最爱吃的食物，靠着这项本领，小飞象章鱼从来都不缺少食物。

奇闻轶事

2014年1月，海洋生物学家在大西洋海底中部山脊海域超过1600米深处发现了这种体长1.8米的八足类生物——一种奇特的"章鱼"。这种"章鱼"竟然有类似于大象的外表，有两对超级巨大的"耳朵"。科学家把这种怪异动物称为"Dumbo"（迪士尼经典动画形象小飞象的名字）。

海洋探秘系列 章鱼探秘

Part 5 章鱼的远亲

枪乌贼的种类大全

枪乌贼是一种无脊椎动物，它们的头很小，体稍长，呈锥状，两片肉鳍在身体后端相连，呈菱形。体形好似标枪的枪头，因此被称作枪乌贼。枪乌贼有8条触腕，触腕上生有两行吸盘，吸盘有角质齿环。它们的身体皮肤下有黑色、黄色和红色的色素细胞，因此可以变换身体颜色来适应环境。

火枪乌贼

火枪乌贼俗称鱿鱼仔，它是枪乌贼科、乌贼属的一种小型鱿鱼。火枪乌贼的体型比较小。胴部呈圆锥形，身体表面具有点状的色素斑。触腕上有两行吸盘，角质环前端具2～6个宽板齿。雄性火枪乌贼左侧第4条腕茎化。触腕穗大，吸盘角质环具有大小相近的尖齿20～30个。它们的身体上并没有发光器。主要分布于渤海、黄海、东海和南海海域。

中国枪乌贼

中国枪乌贼别名中国鱿鱼、台湾锁管、拖鱿鱼、本港鱿鱼，是世界枪乌贼科中最重要的经济种。中国枪乌贼的身体有大小相同的圆形色斑，肉鳍比较长，大约可以达到身体长度的2/3。雄性中国枪乌贼左侧第4条触腕特化为生殖腕。触腕穗吸盘4行，中间大，两边小，大吸盘角质环有30个尖齿。在墨囊腹面有一对发光器。分布于东海、南海海域和北部湾。

日本枪乌贼

日本枪乌贼的身体呈圆锥形，尾部笔直。身体有大小相同的圆形色斑。背部的色斑密度明显。鳍长超过身体长度的一半。雄性日本枪乌贼左侧的第4条触腕特化为生殖腕，各条触腕上有2行吸盘，吸盘角质环具宽板齿7～13个。分布于渤海、黄海、东海海域。

海洋万花筒

日本枪乌贼的蛋白质含量较高，必需氨基酸含量较丰富。日本枪乌贼的粗蛋白质含量为9.29%，粗脂肪含量为1.43%，水分含量为85.82%，灰分含量为1.79%；18种氨基酸占总干重的55.09%，8种必需氨基酸占氨基酸总量的44.46%，富含无机元素镁、磷、钙、锌。

Part 5 章鱼的远亲

海洋探秘系列 章鱼探秘

莱氏拟乌贼

莱氏拟乌贼是一种大型的枪乌贼，它的眼睛是同类乌贼中最大的。但是比较畏光，通常白天栖息于50米深的水域，无月的夜晚可游到离水面数米的浅海处活动。雌性莱氏拟乌贼身体上带有大小相近的圆形色素斑，雄性莱氏拟乌贼背部生有明显的断续式横条状斑。莱氏拟乌贼体大肉厚，最大体重达5～6千克，洄游行动与暖流水系的消长有密切的关系，多出现于暖水势盛之时，常与中国枪乌贼混居。

神户枪乌贼

神户枪乌贼的身体呈圆锥形，身体的长度约为体宽的4倍。神户枪乌贼的身体表面有许多大小相间的色素斑。各条触腕上具有2行吸盘，第2对和第3对触腕上的吸盘比较大一些，大吸盘角质环不具齿，小吸盘角质环具尖齿。雄性神户枪乌贼的左侧第4条触腕特化为生殖腕。成年神户枪乌贼体长大约可以长到11厘米。

太平洋褶柔鱼

太平洋褶柔鱼并非鱼类，它是软体动物，也是乌贼的一种。太平洋褶柔鱼的个体比较大，身体长度可达40厘米以上。在口的周围有4对触腕，长度不等，每条触腕上有2行吸盘。还有2条长的触腕，长度大约与身体的长度相等。太平洋褶柔鱼的身体形状为长筒状，长为宽的3倍多，末端尖细。肉鳍较短。主要食物有小型鱼类、甲壳类等。分布在黄海、东海海域。

柏氏四盘耳乌贼

柏氏四盘耳乌贼有一个圆袋形的身体，身体上有紫褐色斑纹，它的肉鳍比较小，位于身体两侧的中部，鳍腹面具有色素细胞。雄性柏氏四盘耳乌贼左侧的第1条触腕特化为生殖腕，跟右侧相对应的触腕比起来显得粗短。雄性第2对和第4对触腕的吸盘两边特别大，为中间吸盘的2～3倍大；雌性各触腕吸盘大小相近，多于100个。常栖息于暖水浅海以及栖居于热带和亚热带中潮间带至200米深之间海域，分布于东海、南海海域。

Part 5 章鱼的远亲

海洋探秘系列 章鱼探秘

伞膜乌贼

伞膜乌贼也被称澳大利亚巨型乌贼，是世界上最大的乌贼种，它的触腕长达50厘米，体长超过100厘米，重量在10千克以上。主要分布在澳大利亚南部沿海。它们通常躲藏在洞穴或岩石缝隙里休息。在交配的季节，它们会成千上万地聚集在北部的海湾中配对，找到心仪的伴侣后完成交配、产卵。也会有一些不够强壮的伞膜乌贼混在其中，试图寻找机会与雌乌贼交配、产卵。

开动脑筋

1. 飞乌贼可以飞出海面吗？
2. 伞膜乌贼有怎样的好奇心？
3. 吸血鬼乌贼可以随意点亮或熄灭自己的身体吗？

好奇心很重

伞膜乌贼有很强的好奇心，当有潜水者出现在它们面前时，它们不仅不会躲开，反而会好奇地靠近观察，并发出绿色和粉色的荧光来跟着潜水者。或许它们以此来显示自己高超的变色本领。雄性伞膜乌贼、雌性伞膜乌贼之间的颜色、体型大小区分显著，雄性伞膜乌贼利用大的体型与多变的颜色来博得雌性伞膜乌贼的喜爱，而那些弱小的雄性伞膜乌贼就比较可怜，往往被雌性伞膜乌贼嫌弃。

吸血鬼乌贼

吸血鬼乌贼的学名为幽灵蛸，和大多数的乌贼、鱿鱼、章鱼不同，吸血鬼乌贼没有墨囊。它们的腕上长着尖牙一样的钉子，由此使它们在英文中得名"吸血鬼乌贼"。吸血鬼乌贼有一对触腕可以变化成延展的细状体，可以拉长到这种动物身体两倍的长度，它们依靠这对伸缩自如的触腕同其他触腕合作，进行捕猎。遇到危险时，吸血鬼乌贼就把触腕全部翻起盖在身上，形成一个带钉子的保护网。

深海里的幽灵

吸血鬼乌贼的身体上覆盖着发光器官，这使它们能随心所欲地把自己点亮和熄灭，当它们熄灭发光器时，就在自己所生存的黑暗环境中完全不可见了。当感觉到有危险存在的时候，它们会突然发光吓唬那些猎食者，然后趁机逃跑。吸血鬼乌贼游泳的速度非常快，最快每秒可以达到两个身长，而且可以在启动后5秒内达到这个速度。如果危险就在眼前，它们能连续用几个急转弯来摆脱敌人。它们的鳍可以帮助游泳，就像企鹅和海龟所做的那样来划水。

Part 5 章鱼的远亲

海洋探秘系列 章鱼探秘

大王酸浆鱿

　　大王酸浆鱿是世界上最大的无脊椎动。它的身长约 10 米，1980—2010 年，人们发现的最大的大王酸浆鱿达 11 米，大王酸浆鱿耳朵里有很小的耳石，用于分辨方向，上面有圆圈，类似年轮，一圈代表一天。大王酸浆鱿有蓝色的血液，肛门从腮部下面穿过，有 8 条短腕，2 条触腕，长的为触腕，短的就是普通的腕；触足上长有可 360 度旋转的倒钩，类似于老虎的利爪，最长可达 8 厘米，可以轻易地在鲸脂中划出 5 厘米深的伤口。

大王酸浆鱿的天敌

　　大王酸浆鱿虽然体型巨大，但是它的天敌更是大得吓人。巨大的抹香鲸和南极睡鲨就是大王酸浆鱿的天敌，而另一个可怕的生物——人类，却并不喜欢大王酸浆鱿的肉质，这对大王酸浆鱿来说或许是一件幸运的事情。除此之外，还有喙鲸（如南部宽吻鲸）、领航鲸以及太平洋睡鲨等，都觊觎大王酸浆鱿的肉体。

超级大眼睛

大王酸浆鱿拥有动物界中最大的眼睛，它们的大眼睛主要用于对付自己主要的天敌抹香鲸。大王酸浆鱿的眼睛长有发光器，能产生自己的光芒，也能察觉其他生物发出的微光。在漆黑的深海中，它们通过分辨抹香鲸身边的发光微生物的流动情况，来判断抹香鲸是否在黑暗中窥视它。

新西兰国家博物馆

奇闻轶事

据英国的《每日邮报》报道，2013年12月，在深入南极洲的罗斯海面下，船长约翰·本内特和他的船员们竟从海中捕获了一只"深海巨怪"，它不断挥舞的触腕好像消防软管一般灵活有力，如同西餐盘子大的眼睛让人目瞪口呆。这只重达350千克、长度接近小型公交的大王酸浆鱿一直被冷冻保存在新西兰国家博物馆里，直到2014年9月16日，科学家才对其解剖以进行相关研究。

海洋探秘系列 章鱼探秘

Part 5 章鱼的远亲

深海怪兽的差异

　　大王酸浆鱿与大王乌贼都是令人闻声色变的深海怪兽，两者之间主要的差异是触腕的钩爪，大王乌贼的触腕无爪，而是周边附有硬质锯齿的吸盘。大王酸浆鱿的身体长有巨大的鳍，但在身体与触腕的长度比例上则不如大王乌贼。大王乌贼触腕的长度超过大王酸浆鱿。在身体颜色上，两者相差无几，体色都是红褐色的。

海洋万花筒

　　南极睡鲨是一种生活于深海水深400～1100米处的巨大鲨鱼，它们栖息于大西洋、印度洋与太平洋南方。体长可达4.4米。南极睡鲨喜欢以头足纲（尤其是大王酸浆鱿、大王乌贼）与鱼类为食，偶尔也会在南极睡鲨的胃中发现海洋哺乳动物和鸟类的残骸。

栖息环境

大王酸浆鱿是典型的深海巨鱿，它们分布于围绕南极大陆的海域，偶尔也向北方分布到南非外海，大多在南极海域周围2000米的深海栖息。大王酸浆鱿喜欢生活在300～4000米深的海底，这里有许多它们爱吃的猎物，但是也有天敌在这样的深海里游弋，稍不小心，大王酸浆鱿就会从一个猎食者变成了天敌的食物。

奇闻轶事

2007年2月22日，一艘新西兰籍渔船在南极捕获了一只大王酸浆鱿，这是人类第一次捕捉到完整的活体样本，它全长4～5米（包括腕），重达245千克，是一只雌性大王酸浆鱿。2008年4月30日，一群科学家解冻这只已经冰冻一年多的大王酸浆鱿，并在不破坏形体的情形下以内视镜进行研究，这只大王酸浆鱿后来被制成标本保存在惠灵顿的一个博物馆里。

惠灵顿博物馆

Part 5 章鱼的远亲

海洋探秘系列 章鱼探秘

虎斑乌贼

虎斑乌贼的主要特点是背部直至头部有许多较密的横条斑纹，状如"虎斑"，雌性个体的背面也有虎斑纹，但偏向两侧，比较稀疏。它的身体长度为宽度的2倍，无柄腕上有4行吸盘。雄性虎斑乌贼左侧第4条触腕特化为生殖腕。已知的虎斑乌贼最大可以长到43厘米，体重达到5千克。

虎斑乌贼的生活环境

虎斑乌贼主要生活在亚热带和热带海域。冬季在百米左右的深水区越冬，春季集群游来浅水区交配、产卵，并有明显的趋光性。虎斑乌贼喜欢在浅海区海底处活动，经常集群性捕食猎物，以甲壳类和各类小型底栖鱼类为食，有同类相残食用的现象。它们同时也是一些底栖鱼类的猎食对象。虎斑乌贼的卵子分批成熟，单个产出，多扎附在柳珊珊、马尾藻或细枝、细绳上。

鱿鱼并非鱼

鱿鱼也称柔鱼、枪乌贼，是一种海洋性软体动物，并非鱼类。鱿鱼体内有2片鳃作为呼吸器官。身体呈圆锥形，头比较大，前方生有10条触腕，尾端的肉鳍呈三角形，体色苍白，有淡褐色斑。喜欢在浅海的中上层活动，以磷虾、沙丁鱼、银汉鱼、小公鱼等为食。主要分布于热带和温带浅海。

鱿鱼渔场

鱿鱼由于肉质细嫩，口味特佳，在国内外海味市场负有盛名，干制品称"鱿鱼干"。鱿鱼的主要渔场在中国海南北部湾、福建南部、我国台湾、广东、河北渤海湾和广西近海，以及菲律宾、越南和泰国近海，其中以南海北部湾、渤海湾出产的鱿鱼为最佳。年产4万～5万吨。

Part 5 章鱼的远亲

海洋探秘系列 章鱼探秘

阿根廷鱿鱼

阿根廷鱿鱼学名叫作阿根廷滑柔鱼，属于软体动物柔鱼科。阿根廷鱿鱼的身体呈圆锥形，后部明显瘦狭，胴长约为胴宽的4倍，体表具有大小相间的近圆形色素斑。雄性阿根廷鱿鱼右侧或左侧第4对腕茎化。触腕穗中部吸盘4行，中间大吸盘角质环具半圆形齿，顶部具8行小吸盘。最大体长可达33厘米，体重1千克。

生活环境

阿根廷鱿鱼主要分布在西南大西洋大陆架和陆坡，主要以甲壳类、鱼类和头足类为食。阿根廷鱿鱼的种群结构颇为复杂，依据产卵时间、成长率及仔鱿鱼的时空分布，可分为春季、夏季、秋季、冬季4个产卵群。产卵期贯穿全年。它们主要捕食甲壳类和鱼类，甲壳类包括拟长脚虫戎、刺铠虾、磷虾和毛颚类；鱼类主要包括幼体的鳕鱼、灯笼鱼等。

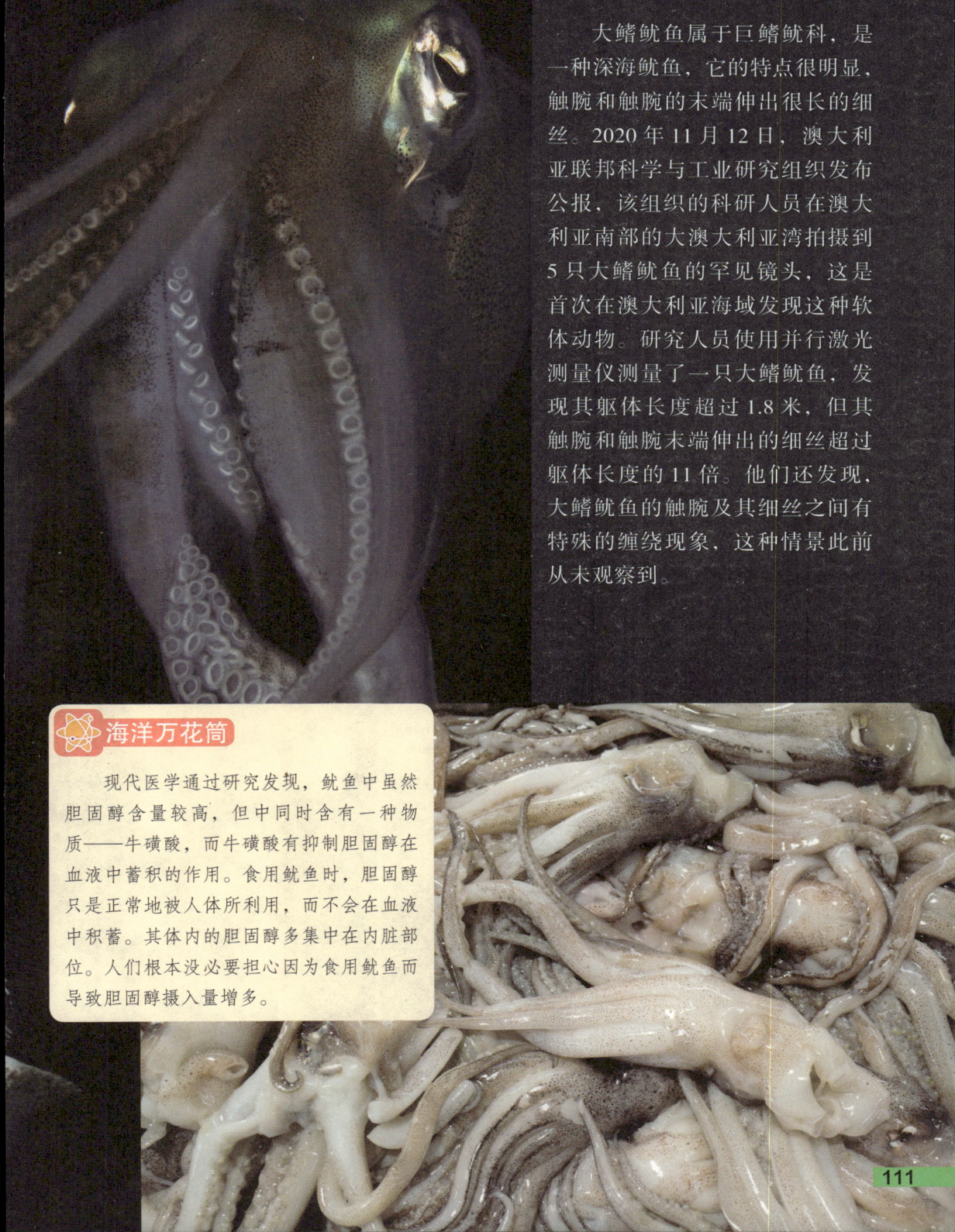

大鳍鱿鱼属于巨鳍鱿科，是一种深海鱿鱼，它的特点很明显，触腕和触腕的末端伸出很长的细丝。2020年11月12日，澳大利亚联邦科学与工业研究组织发布公报，该组织的科研人员在澳大利亚南部的大澳大利亚湾拍摄到5只大鳍鱿鱼的罕见镜头，这是首次在澳大利亚海域发现这种软体动物。研究人员使用并行激光测量仪测量了一只大鳍鱿鱼，发现其躯体长度超过1.8米，但其触腕和触腕末端伸出的细丝超过躯体长度的11倍。他们还发现，大鳍鱿鱼的触腕及其细丝之间有特殊的缠绕现象，这种情景此前从未观察到。

海洋万花筒

现代医学通过研究发现，鱿鱼中虽然胆固醇含量较高，但中同时含有一种物质——牛磺酸，而牛磺酸有抑制胆固醇在血液中蓄积的作用。食用鱿鱼时，胆固醇只是正常地被人体所利用，而不会在血液中积蓄。其体内的胆固醇多集中在内脏部位。人们根本没必要担心因为食用鱿鱼而导致胆固醇摄入量增多。

Part 5 章鱼的远亲

美洲大鱿鱼

美洲大鱿鱼的学名叫作茎柔鱼，它的身体呈圆锥形，外套软骨与漏斗软骨分离。身体表面有大小相间的圆形色素斑。触腕穗吸盘4行，中间2行比较大。最大体长可以长到1.5米，体重50千克，是柔鱼科中最大型的种类之一。它们主要分布在中部太平洋海域。已由日本、中国等国家进行规模性开发，年最高产量超过20万吨。

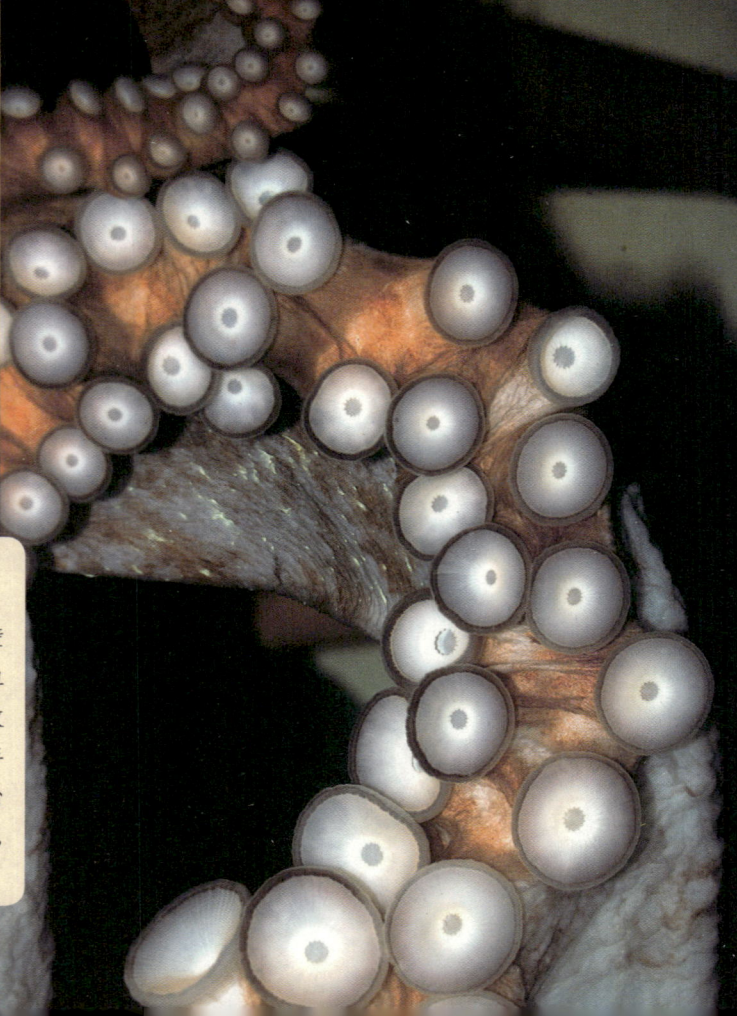

海洋万花筒

食用鱿鱼可有效减少血管壁内所累积的胆固醇，对于预防血管硬化、胆结石的形成都颇具效果，同时能补充脑力、预防老年痴呆症等。因此，对容易罹患心血管方面疾病的中、老年人来说，鱿鱼是有益健康的食物。

龙氏桑椹乌贼

龙氏桑椹乌贼是锁管的一种，被称为深海鱿鱼，主要生活在亚热带和热带海域，水深可达700~900米。在市场上最为常见的冰鲜鱿鱼就属于这种锁管，基本上是通过拖网捕捞而获得。在我国南海和日本群岛南部海域均有分布。

海洋万花筒

鱿鱼需煮熟、煮透后再食，因为鲜鱿鱼中有一种多肽成分，若未熟透就食用，会导致肠运动失调。鱿鱼之类的水产品性质寒凉，脾胃虚寒的人应少吃。鱿鱼含胆固醇较多，故高血脂、高胆固醇血症、动脉硬化等心血管病及肝病患者应慎食。

开动脑筋

1. 鱿鱼为什么食用价值很高？
2. 阿根廷鱿鱼属于什么科？
3. 美洲大鱿鱼体重可以达到多少千克？

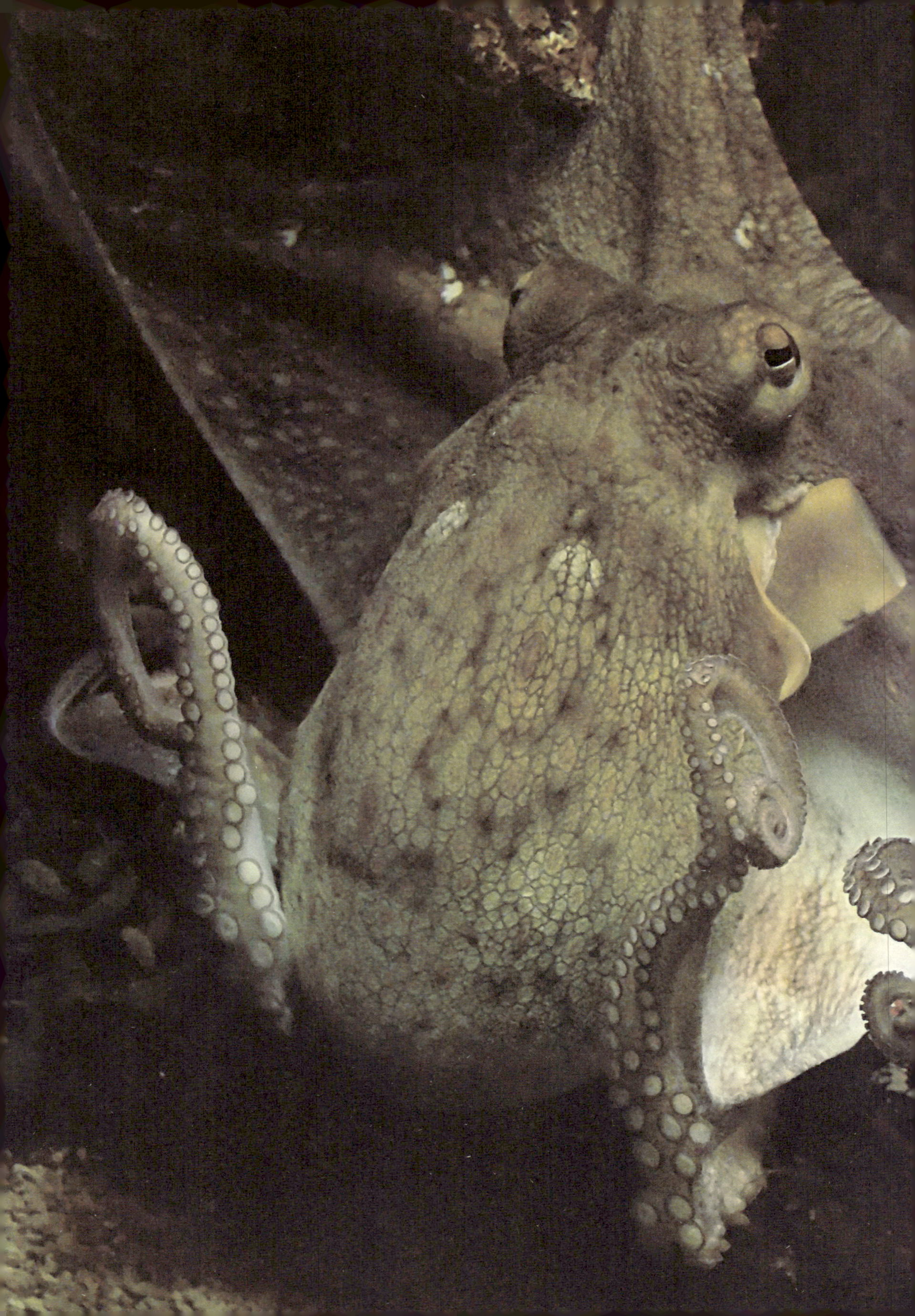

Part 6
关于章鱼的趣闻

随着人类与章鱼的接触增多,一些章鱼的趣闻也出现在人们的眼前。章鱼的形象和名声并不好,人们常常把它刻画成一个邪恶角色,如电影《蜘蛛侠》中的章鱼博士,还有电影《极度深寒》中恐怖的深海怪物。而章鱼之所以常常获得恶名,或许与它残忍的捕食方式和狡诈分不开吧!

Part 6 关于章鱼的趣闻

章鱼"恶名"的由来

在书籍和影视作品中,章鱼往往是一种邪恶的形象,它的8条触腕尤其令人恐惧。也正是这些文化的影响,让章鱼有了许多"恶名",除了餐桌上的章鱼以外,大多数人并不喜欢它们。维克多·雨果也在他的《海上劳工》一书中,就描写过人和章鱼搏斗的惊险场面,章鱼的触腕能把人拖住,它的吸盘将人活活吸干,令人毛骨悚然。

怪异的长相让人恐惧

章鱼也被称作八爪鱼,它那8条触腕宛如人类灵活的胳膊,各种鱼类、贝壳类生物一旦被章鱼的触腕吸住,逃生的概率几乎为零。章鱼不仅力气大,足以搬动超过自身体重十几倍的东西,而且还会下毒、喷墨汁,种种怪异的行为加上它的长相,无不令人憎恶。久而久之,章鱼邪恶的形象便广泛传播开来。

整蛊专家之——小小章鱼

美国西雅图水族馆里的章鱼都是整蛊能手。新来的章鱼会在远处隐蔽的地方冲着人们吐口水。而另一些则将水泵拆掉，堵住排水管，造成水的大量浪费，当然这一切都是在极其隐秘的情况下干的，从来不会被发现。

章鱼可怕的"毒性"

普通章鱼唾液中的毒素并不能对人体造成伤害，仅仅是让人感觉疼一下，但是蓝环章鱼的毒素确实是致命的，不仅很快就会致人死亡，还没有可以治疗此类毒素的药物。即使是被最小的的蓝环章鱼咬一口，也足以使一个成年人丧命。章鱼不仅凶残、有毒，而且它的智力比鱼类高很多，所以狡猾、凶狠这些词汇也用在了章鱼的身上。

Part 6 关于章鱼的趣闻

偷偷摸摸干坏事

　　章鱼如果看谁不顺眼，专找他聚精会神的时候，突然收紧它们的触腕，然后猛地弹出，碰撞水族箱上了锁的盖子，发出"嘭"的一声，着实把人吓出一身冷汗。还有一些隐藏更深的家伙，半夜悄悄从它们的水柜里溜出来，潜入其他水柜，在那里大肆吞食其他鱼类，然后又偷偷摸摸地潜回自己的水柜，装出若无其事的样子。

章鱼残忍的捕食方式

　　章鱼擅长捕捉甲壳类生物，它们把螃蟹等生物用触腕捆住，然后再送到自己的嘴边，咬破它们的眼睛，向脑部注射毒液。它们这种捕食方式令人不适并感到恐惧。因此，人们经常把章鱼描述成一种深海怪物，而实际生活中对人类有威胁的章鱼只有少数的几种剧毒品类，如蓝环章鱼。其实蓝环章鱼胆子很小，很少会去主动攻击人类。

很强的记忆力

章鱼有两套记忆系统,一套在大脑中,一套独立在吸盘上,它们的记忆力非常好,能记住抓它们的人的长相,而且还十分记仇。

章鱼的"恶作剧"久负盛名

早在公元3世纪,罗马的自然历史学家克劳迪亚斯·辜廉纳斯在了解了章鱼的习性后,就曾写道:"很显然,搞恶作剧和玩弄诡计是这种生物所独有的特征。"而现在的研究员对章鱼在海底行进的路线更是惊讶不已,并诧异其好奇心如此强烈。

Part 6 关于章鱼的趣闻

海洋探秘系列 章鱼探秘

令人恐惧的深海怪物

电影《极度深寒》是由美国博伟电影公司发行的一部灾难恐怖片,该片讲述了一艘豪华邮轮遭到深海怪物袭击,船上许多人都遭遇了灭顶之灾。而这个怪物就是一只深海大章鱼,它吃掉了船上的游客,并且追杀剩余的逃难者,其恐怖程度让人看了以后无不对深海大章鱼感到恐惧。

海洋万花筒

加拿大大学的心理学家詹妮弗·马瑟用深水摄像机拍摄到这样一组镜头:一只大西洋中最普通的章鱼抓到了几只螃蟹,把它们弄到洞里吃掉后,用几块石头将洞口封住,经过这样的防护之后,才进去睡了个安稳的午觉。这个现象表明章鱼具有使用工具的能力。

开动脑筋

1. 人类为什么把章鱼描绘成一种邪恶生物?
2. 请将自己心中的章鱼形象画出来?
3. 跟人类相比,章鱼都有哪些怪异之处?

按捺不住的好奇心

　　一些章鱼见到潜水员时并不逃走，反而充满好奇地上前一探究竟。从观察、接近到与之游戏，并逐渐地成为朋友。它们对潜水员身上的东西感到好奇，它们会拽他们的面罩和氧气调节阀。即使相隔两三个月再次相见，它们也能很快认出不同的面孔，如果是"老朋友"，它们不用审视，马上就会与你接近。这说明它们具有脊椎动物才有的记忆力。

章鱼强大的学习能力

　　詹妮弗·马瑟以实验室的56只加州章鱼作为研究对象，用图表的形式记录下它们"性情特征"出现的阶段。结果发现，它们的性情变化具有明显的发展阶段。马瑟喂养的章鱼在幼年更活跃、更具攻击性。这样，当它们长大成熟后，也就更能提防危险，这证明它们的行为是学来的。

121

海洋探秘系列 章鱼探秘
Part 6 关于章鱼的趣闻

章鱼的奇闻趣事

章鱼由于外形奇特,长相邪恶,因此引起人们的好奇。许多关于章鱼的奇闻趣事也随之而来。有的章鱼被称为怪物,还有的章鱼被形容为来自外太空的生物。甚至在一些影视作品中,章鱼也化身成了邪恶的角色,吸引了许多人的注目。

令人惊奇的"七爪章鱼"

英国的《每日邮报》曾报道:一只不同寻常的"七爪"章鱼在美国华盛顿州的普吉特海湾被发现了。当时是一位名为罗恩·纽伯里的附近居民在清晨的潮汐中发现了这种有趣的生物,之后他将拍摄的照片交给了当地的野生动物组织,而野生动物组织的负责人又将照片传给了海洋生物中心,最终证实这是一只"七爪章鱼",正式名称叫作异夫蛸。

吃水母的怪物

2019年3月,水下摄影师王天虹在菲律宾的阿尼洛拍摄到罕见的深海章鱼,这是世界上第一次有人拍摄到七腕章鱼的幼体,而且还是在进食状态。据记载,这种深海章鱼叫作异夫蛸,雄性异夫蛸体长10厘米左右,雌性异夫蛸则可达2米以上,它们主要以水母为食,一般出没于千米以下的深海,浅海偶尔会遇见。总的来说,异夫蛸十分罕见。

来自"外太空"的生物

据率先发现异夫蛸的罗恩·纽伯里称,他最初看到这个生物时,不确定那是章鱼,还以为是看到大型水母,而这种生物的形状让他感到新奇,不过他确定不能碰它。据悉在得到海洋生物中心的研究人员证实前,纽伯里把照片给了很多人看,尽管异夫蛸这一词条已经被收入词典,但几乎没有人能认出它,包括一位名叫梅根·迪提耶的生物学博士都承认从来没有见过这种生物,"我第一个想法是,这是来自外太空的东西,它看起来不像我们当地的任何物种。"

Part 6 关于章鱼的趣闻

金属结核与章鱼的关系

　　章鱼有护卵的习性，它们通常把卵产在深海区的死亡海绵的茎干上，而这种深海海绵主要附着在海底的金属结核上生长。这种金属结核形成需要数百万年漫长的时间，一开始由一些类似于贝壳碎片或者鲨鱼牙齿的小东西附着了矿物质金属，随着时间的推移，附着的矿物质金属越来越多，最后形成了包裹着许多贵重金属的岩石层，而海绵和章鱼就在这些岩石层上繁衍生息。

海洋万花筒

　　章鱼喜欢在海底的金属结核上产卵、生育后代。而同样喜欢这些金属结核的还有一些矿业公司，他们在攫取这些金属结核后，会给章鱼的繁衍生息带来灾难。这是一种不可修复的破坏，对章鱼的生存影响将是长远的。

嘴对嘴亲吻的章鱼

　　生物学家阿卡迪奥·罗丹奇在水下拍摄到了一个不明生物，它有 16 条腿和两个嘴巴，仔细观看才发现原来是两只章鱼正在亲吻。原来，大太平洋条纹章鱼交配的时候喜欢用嘴碰嘴的体位，体型较大的雌性章鱼会用触腕的网覆盖住雄性章鱼。这种体位在鱿鱼和墨鱼这类头足类动物中比较常见，但在章鱼中非常少见。在这种姿势下，章鱼可以把触腕和吸盘排列好，帮助雄性章鱼插入交接腕——也就是那些传递精子的触腕。这可能是这种章鱼采取这种非常规体位的原因。

奇闻轶事

　　章鱼的身体结构也像人类一样，是"左右对称"的。这意味着它有左半身和右半身，彼此互为镜像。如果你能沿两眼之间的中线对折一只章鱼，左、右两半会正好对齐。

　　但是和人类不同，章鱼也是"辐射对称"的。想一想水母或者海葵，它们的身体各部分从一个中心点向外辐射伸出——章鱼就是这样安排它的 8 条触腕的。

Part 6 关于章鱼的趣闻

由章鱼带来的灵感

美国伊利诺伊大学厄巴纳-香槟分校的研究人员受到章鱼吸盘的启发,研发了一种新设备。这种新设备可以迅速将脆弱的组织或电子薄片转移到病人体内,克服了临床应用的一个关键障碍。为取出超薄组织材料,研究人员先将水凝胶缓慢加热,使其收缩,随后将其压在组织薄片上,关闭热源。这时水凝胶会轻微膨胀并对组织薄片产生吸力,这样,薄片便能被成功夹起。随后,研究人员再轻轻将薄片放在目标物体上,重新打开加热器,水凝胶得以再次收缩并释放薄片。

章鱼吸盘带来的灵感

最初制造的新设备可以迅速将脆弱的组织或电子薄片转移到病人体内,但是,这一方法耗费30~60分钟仅能转移一张薄片,同时仍伴有组织损伤或褶皱风险。后来,研究人员从章鱼那里得到了灵感:它们可以通过吸盘(由肌肉控制)压力的轻微变化来吸附各种形状的干湿物体。受此启发,研究人员设计了一个由温敏软凝胶层和电加热器组成的操纵器,整个过程提高到了10秒钟。

章鱼仿生抓手

德国工业自动化公司 Festo 最早提出了仿生抓手的概念，该公司的重点领域包括气动、伺服气动和电气自动化技术，仿生抓手无疑在技术媒体中引起了人们的注意。Festo 团队为什么选择章鱼作为抓手的模型？该团队说："章鱼是一种引人入胜的生物。它几乎全部由柔软的肌肉制成，因此也非常灵活和可操纵。这不仅意味着它可以在各个方向上灵活地游动，而且还可以贴身地抓住各种各样的物体。"

海洋万花筒

章鱼 2/3 的神经元在其触腕中，这意味着每条触腕实际上都有自己的控制能力。每条章鱼触腕可以解开结，打开儿童安全瓶，并缠绕任何形状或大小的猎物。即使在水下的粗糙表面上，数百只覆盖其触腕的吸盘也可以形成牢固的密封。

Part 6 关于章鱼的趣闻

海洋探秘系列　章鱼探秘

拟态章鱼带来的灵感

拟态计算机的设计灵感来自拟态章鱼。拟态章鱼是自然界最为奇妙的"伪装大师",它能扭曲身体和触腕改变颜色,模仿至少15种动物的外表和行为。我国科学家受拟态章鱼的启发,融合仿生学、认知科学和现代信息技术,提出拟态计算新理论,并成功研制出世界首台结构动态可变的拟态计算机。

"拟态安全"新概念

2013年9月21日,一项名为"新概念高效能计算机体系结构及系统研究开发"项目,在上海通过了国家"863"计划项目验收专家组的验收。借助拟态计算机结构动态可变的思想,我国科学家还提出了"拟态安全"的新概念,可大大提高计算机系统的安全性,降低病毒和木马的危害性。

章鱼仿生机器人

意大利的研究人员从章鱼身上吸取灵感，研发出章鱼仿生机器人。大自然中动物的动作并不需要大量的脑力运算。很多章鱼并不是依赖中枢神经系统自上而下的指令运动，而是动物身体和周围环境之间的物理相互作用的结果。通过运用这种策略，该团队研制出了柔软的仿生机器人，它可以抓住物体，沿着海底爬行，甚至可以游泳。完成这些动作运用的计算力比人们想象的要少很多。

章鱼台灯

瑞典设计师markus johansson以章鱼为灵感创作了一系列灯具，在制作这些灯具的过程中，设计师将高温定形的corian材料固定在木质模具中，并达到最终要求的形态。拥有无数触腕的章鱼灯具在夜间点亮时，充满灵动之感。

海洋探秘系列 章鱼探秘

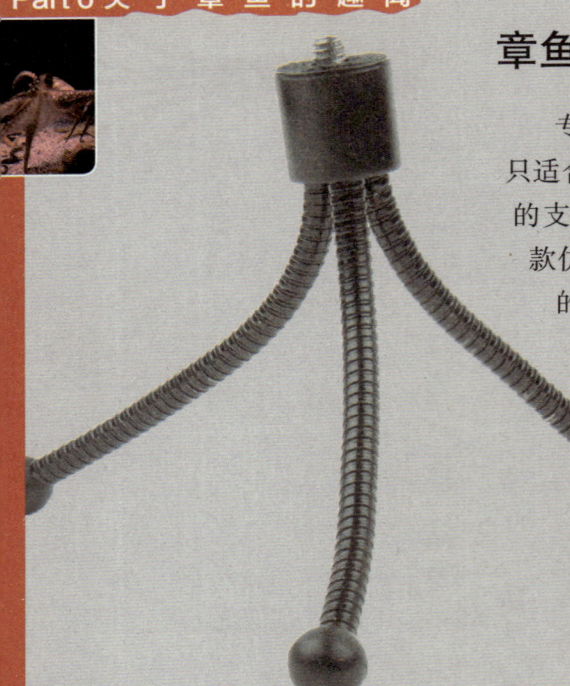

Part 6 关于章鱼的趣闻

章鱼的灵感支架

专业三脚架可以很稳定地拍摄，但是太笨重，只适合专业人士，一些业余玩家需要更方便、适合的支架，章鱼的触腕给了设计专家灵感，于是一款仿生设计的八爪鱼三脚架就研制成功了。神奇的八爪鱼三脚架十分小巧轻便，自重仅有215克，也就与一部手机的重量差不多。出门拍照带上它一点也不会觉得是个累赘，可以随意地塞在包里面。在使用时，可以将三脚架的3条腿随意扭曲，绑在固定的柱子上。它能像章鱼的触腕一样将人们的手机或者相机牢牢地固定在任何地方。

开动脑筋

1. 哪些东西有类似于章鱼吸盘的作用？
2. 有哪些来自章鱼的仿生设计？举例说明。

海洋万花筒

什么是仿生设计呢？仿生设计是一门比较高深的学问，它主要涉及数学、生物学、电子学、物理学、控制论、信息论、人机学等一系列学科。它是以自然界万事万物的"形""色""音""功能""结构"等为研究对象，有选择地在设计过程中应用这些特征原理进行的设计，为设计提供新的思想、新的原理、新的方法和新的途径。

海洋来源：
1. 像是八爪鱼。
2. 章鱼的灵感支架。

来自章鱼灵感的变形皮肤

　　章鱼的伪装和变色是一种极为高明的技巧，它身体的表皮能瞬间弹出微小突起物来形成各种形状，这些突起被称为真皮乳头，现在成了一种新的弹性材料背后的仿生学灵感。这种新材料也能变换成各种形状，可以充当软体机器人的覆盖皮肤。该材料由模拟章鱼触腕上的竖条状肌肉的纤维网组成，通过收缩将突起挤压成形。研究人员将纤维网嵌入橡胶皮肤中的同心环内，来模拟章鱼的结缔组织。

奇闻轶事

　　纽约康乃尔大学和马萨诸塞州的海洋生物实验室的研究人员决定研制一种类似运动肌肉群的材质，来控制章鱼触腕表面的乳突。他们使用压缩气瓶给橡胶皮肤充气，就像吹气球一样。纤维网将橡胶的一部分保持在固定的位置，其他部位会膨胀。研究团队发现，恰当的压力和特定间距离的同心环，它们可以形成类似于岩石和芦荟的形状。

海洋探秘系列 章鱼探秘

Part 6 关于章鱼的趣闻

章鱼有两套记忆系统

章鱼有两套记忆系统，一套在大脑中，一套连接在触腕的吸盘上。章鱼拥有5亿个神经元，其中有3亿个神经元分布在八条触腕上。吸盘上还有很多非常灵敏的感应器，每个吸盘就像一个照相机，随时将周围记录下来并传送到大脑。因此，章鱼的思维能力和应变能力超乎人类想象。它是无脊椎动物中智商最高的，甚至有科学家研究，章鱼的智商比黑猩猩还要高。

不可或缺的学习能力

科学家曾经用实验来测试章鱼的学习能力：左边水箱里的章鱼是刚从海里捞上来的新手章鱼。它看着一个玻璃盒子，里面有复杂的结构，装着食物，但还没有找到入口。右边水箱里的章鱼是一只老手章鱼，它已经在里面待了很长时间，它其实已经找到了盒子的入口，可以从中获取食物。新手章鱼看到老手章鱼的示范后，它毫不犹豫地采用了相同的方法去吃食物，这说明它有记忆能力和学习能力。

章鱼大脑记忆的奥秘

以色列希伯来大学生命科学研究所神经生物学系的本尼·霍奇纳博士领导的对章鱼的研究，想要揭示大脑储存和读取记忆的机制。章鱼等头足类动物，因为具有相对较大的脑并能够被训练完成各种学习和记忆任务，而被认为是最聪明的无脊椎动物。章鱼的行为体系和学习记忆能力的复杂程度甚至与高级脊椎动物相当。在此前的研究中，霍奇纳发现章鱼大脑中一处对学习和记忆很重要的区域，它表现出了兴奋性、活性依赖的长时程突触增强（LTP）过程，并与脊椎动物大脑的过程惊人的相似。

奇闻轶事

短时记忆是感觉记忆和长时记忆的中间阶段，保持时间为5秒至2分钟，容量大约是（7±2）个单位。一般包括直接记忆和工作记忆两个成分。动作短时记忆的容量相当有限，大体上为（5±2）（组块），或更少一些。储存在短时记忆中的一部分信息经过反复练习（或复述）可转入为长时记忆系统。

海洋探秘系列　章鱼探秘

Part 6 关于章鱼的趣闻

章鱼大脑的 LTP 实验

在发表于《当代生物学》的文章中，霍奇纳描述了他是怎样在章鱼大脑中测试上述理论的。他通过使用人造 LTP 和电激励来阻断大脑的 LTP 过程。当在指定训练前使用这些技术阻断 LTP 时，实验组的章鱼在第二天的长期记忆测试中并不能很好地回忆起任务。通过破坏章鱼大脑中的特定线路连接来阻止感官信息到达学习记忆区也得到了类似的实验结果。这些结果证明了 LTP 对产生记忆确实十分重要。

海洋万花筒

LTP 过程能够在几天甚至整个生命周期内，通过增强突触的电信号传递而达到促进神经细胞信息转换的作用。人们相信，大脑存储记忆区域的神经细胞间的突触连接，在执行某种特定学习功能中会因为活性诱导的 LTP 过程而变得更活跃。霍奇纳说："你可以把这描述为在神经网络中用来存储长期记忆的'记忆痕迹雕刻'。"

章鱼大脑的并行记忆系统

目前，人们还并不清楚章鱼的两个记忆系统是否相互关联。但是，章鱼大脑的组织展示了一种此前从来没有描述过的信号混杂方式。在章鱼的大脑内，短期和长期系统是并行，而不是独立工作的。这是因为章鱼脑内长期记忆的区域除了存储长期记忆以外，还有管理短期记忆系统，获得短期记忆的速度的功能。这一管理机制可能在章鱼因遇到紧急和危险事件而亟须快速学习时起关键作用。

海洋万花筒

大太平洋条纹章鱼会用策略来捕食，而且比其他种类的章鱼攻击性弱。其他的章鱼会先猛扑向猎物，然后诱捕食物进入触腕范围，但是大太平洋条纹章鱼只会向虾伸展出一条触腕，温柔地在虾背后敲击，然后把它罩在自己的触腕里，就能成功地捕捉被吓到的小虾。所以，当人们看到大太平洋条纹章鱼这种捕食方式时非常惊讶。

海洋探秘系列　章鱼探秘

Part 6 关于章鱼的趣闻

无脊椎动物中的"叛徒"

以章鱼以外的其他无脊椎动物为例，章鱼的智力简直就是一种逆天的存在，说它是无脊椎动物中的"叛徒"也不为过。一只普通的田螺体内只有1万个神经细胞；龙虾有大约10万个神经细胞；跳蛛有不超过60万个神经细胞。而蜜蜂和蟑螂等的外神经系统丰富度能排前几的无脊椎动物，也仅有100万个神经细胞。然而，同为无脊椎动物的章鱼，居然有5亿个神经细胞，而且还有中央大脑和分布式大脑互相配合的系统。这也难怪有些人把它比作来自外星的生物了！

奇闻轶事

日本的一位渔民发现了一种奇怪的章鱼，它有9条触腕。因为所有的章鱼都是有8条触腕，乌贼则有10条触腕，因此大家怀疑这只章鱼变异了。渔民说这是他生平第一次看到这种章鱼，并且随后向自然保护机构发出了报告。专家经过鉴定后提醒渔民要小心，因为他居住的村子距离福岛核电站所在地很近，不排除这种动物变异与辐射有关。

两套记忆系统会打架吗？

　　章鱼的两套记忆系统既可以单独完成任务，也可以相互配合，同时记忆多样不同的变化或知识，简直可以说是"一脑多用"。正因为具有配合能力，它们才不会"打架"。跟章鱼比起来，人类需要不断重复地去记忆，让感觉记忆变成短时记忆，最后达到长时记忆。这么变态的优势，如果不是因为章鱼的致命缺陷，它们或许也会发展成智慧生物呢！

海洋万花筒

　　长时记忆是指信息经过充分的和有一定深度的加工之后，在头脑中长时间保留下来。这是一种永久性的存储，保存时间长，而且容量没有限度。长时记忆也有可能由于印象深刻而一次获得。尽管有的长时记忆是一次达到的，特别是情绪记忆。但是，从信息来源来说，长时记忆是对短时记忆内容的复述和再编码，使其系统化、深刻化。

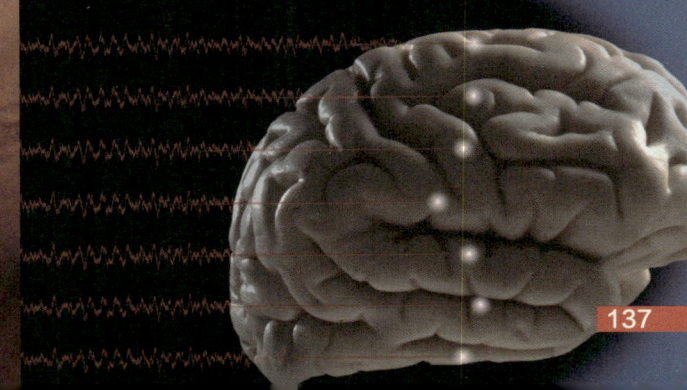

Part 6 关于章鱼的趣闻

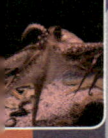

章鱼超乎想象的智力

章鱼的智力要从它们的祖先说起，大概在4亿年前，这种头足类生物独霸海洋，它们以虾和海星为食，用那种螺旋形的贝壳在海洋中漂浮着来保护自己。经过长时间慢慢地进化，它们进化出了独特的大脑和心脏，并且慢慢地将壳褪去，形成了现在的章鱼、乌贼和鱿鱼等种类。章鱼的8条触腕内都有独立的神经元，它们的智力绝对是不可思议的存在。

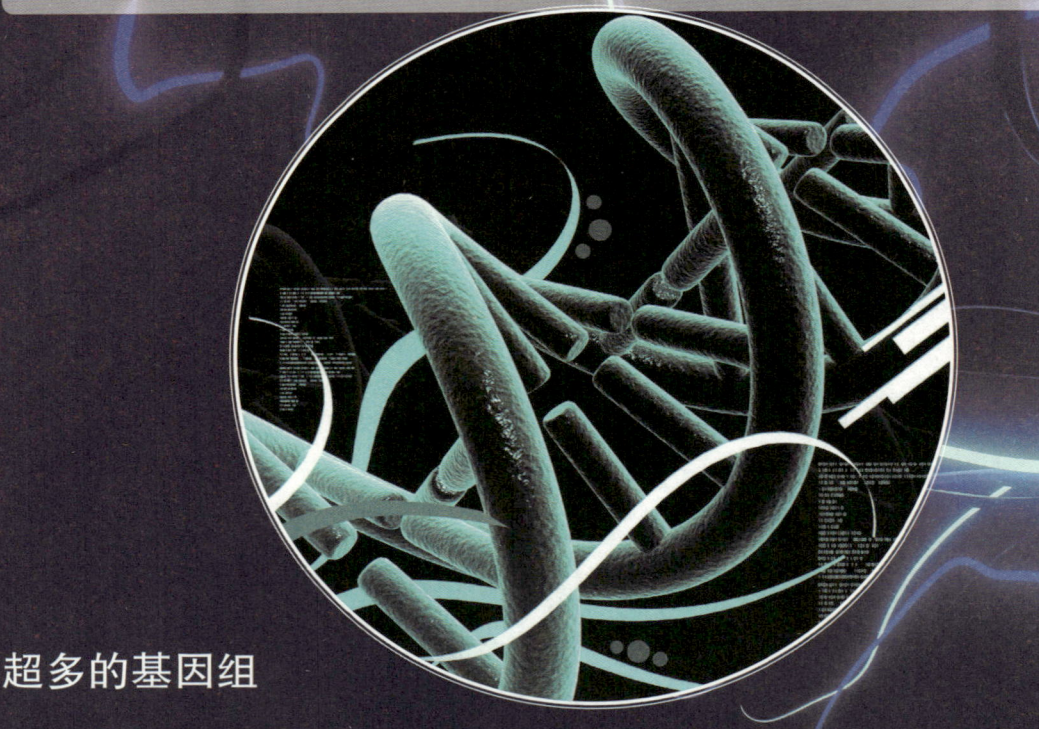

超多的基因组

科学家研究发现，章鱼拥有3.3万组基因，甚至比人类的还多1万组，对于一种无脊椎动物来说，它十分聪明，能超越动物的界限来使用工具。章鱼还拥有一套和人类相似的基因，使它们能建立神经网络，这解释了为什么章鱼会有学习能力。

会思考的手指

由于章鱼拥有分布式大脑，每条触腕上都分布着神经元，可以独立思考行动。这样高灵敏度的触腕，简直就像人的手指一样灵活，章鱼运用这些触腕得心应手，做了许多让人不可思议的事。一位科学家发现章鱼竟然在手术后，自己把缝线给拆除了。

探测章鱼的智力

科学家曾经对一只章鱼进行智力测验，目的是想弄清楚章鱼是否能形成稳定的条件反射。科学家让这只章鱼饿上几天以后，开始进行实验：取一只盛有螃蟹的玻璃筒，把它放到章鱼住的水晶宫里。只见它那双贪婪的眼睛一刻不离地注视着猎物，触腕一条接一条地从尖突的玻璃墙后面伸出，然后又突然收拢，"扑通"一声撞到玻璃筒上。虽然近在咫尺，可是有玻璃相隔，使它达不到目的。它蠕动着，枉然地要捉住眼前的螃蟹。由于恼怒，它的肤色在不断地发生变化。

Part 6 关于章鱼的趣闻

海洋探秘系列 章鱼探秘

基因对章鱼大脑的影响

　　大量的证据证明，章鱼有大量与脑部形成相关的基因。它有非常高级别的智慧，但是这种秘密武器，可能不是人们已知的基因问题。在对它的大脑进行解剖以后，人们看到它的结构非常特殊。一般的哺乳类动物拥有一个类似中央处理器的系统，通过脊髓来发送或者接收身体信号，但是章鱼有10%的大脑处于高度集中的一个折叠状态，其余大概有60%的大脑则密密麻麻地分布在章鱼的8条触腕中。它的两个视神经还占据了剩余的30%。

奇闻轶事

　　2011年，科学家通过实验证明，章鱼的触腕活动并非由中央大脑来支配，更确切地说，那是大脑发出了一个高级命令，8条触腕中的一条则会自主地来执行这个任务。

章鱼的诡计多端

章鱼还能够独立思考，吸取别人的经验来解决问题。它们能够旋开瓶盖、伪装诱捕猎物、给住处修"长城"、学习其他章鱼成功觅食。比如，奥塔哥大学有只章鱼来回朝灯管喷水导致实验室断电，为自己争取到了被放生的机会。它们会收集被人丢弃的椰子壳当移动别墅，保护自己娇嫩柔弱的身躯。

走迷宫高手

除了拥有奇特的身体构造外，章鱼还拥有逆天的智商，在无脊椎动物中，章鱼被公认为最聪明的，也是最难养的。这家伙能记住是谁把自己关了起来，走迷宫更是一把好手，让那些四处乱撞的鱼类望尘莫及。

Part 6 关于章鱼的趣闻

与乌贼比拼智力

科学家曾经做过这样的一个实验,他们把一只虾放入玻璃罐里中的乌贼面前。乌贼想吃玻璃罐里的虾,它用头连续撞玻璃罐20多小时,最终也没有吃到玻璃罐里的虾。换了章鱼做同样的实验,章鱼顺利地从玻璃罐上面的口进入,捕捉到了虾。后来人们又进行了更复杂的实验:用玻璃片把盛装螃蟹的圆筒盖上,然而,有了一些经验的章鱼并不费力地克服了障碍。停了7天之后,人们又重复原来的实验,章鱼仍然掌握着一周前所学会的正确办法。但对于隔着玻璃觅食的方法,乌贼经过18小时之后就全都忘记了。通过这样的实验,可以看出章鱼的智力明显要强过乌贼。

奇闻轶事

让人好笑的是,章鱼还有傲娇的脾气:生物学家曾用不新鲜的鱿鱼喂过章鱼,没有想到那只章鱼默默地凝视着它,随后缓缓朝下水道口移动,从触腕中掏出藏起来的鱿鱼,一脸嫌弃地扔进了下水道里。

1.海底上礁石的缝隙里藏着一只章鱼。

章鱼的快速反应能力

章鱼的触腕不仅有触觉，而且还有自己的思考能力。它能在极短的时间内发现危险，并且改变身体的形状或颜色把自己伪装起来。章鱼柔软的触腕往往是一些猎食者眼中的美食。所以，章鱼在休息时，常常会把两条触腕放在外面，伪装成海草的模样。这样做，一方面可以欺骗猎食者，另一方面可以快速感知到危险，为自己的逃跑赢得时间。

"重新思考"的章鱼

研究人员曾经做过一个实验，测试章鱼如何把一个加了盖板的玻璃瓶打开。他们在一个玻璃瓶里放了一只螃蟹，然后用一块木片挡上瓶口，章鱼经过反复尝试之后，最终拿掉盖子，捕捉到玻璃瓶里的螃蟹。此时的章鱼已经完全知道如何把隔着玻璃的螃蟹弄到手的办法。然而，再次遇到同样的情景时，章鱼不是采用直接方法解决问题，而是毫无差错地重复第一次的全过程。这说明章鱼在面对问题时，每次都是重新思考，而不是学会了一劳永逸。

开动脑筋

1. 章鱼的触腕为什么会思考？
2. 章鱼与乌贼比，谁的智力更高？
3. 章鱼无聊的时候会自己玩耍吗？

Part 6 关于章鱼的趣闻

海洋探秘系列 章鱼探秘

不可不知的章鱼明星们

随着人类走近海洋，章鱼与人类的接触也越来越多。各种各样的章鱼出现在人们面前，其中一些章鱼甚至成为明星，吸引着许多人的目光。其中的章鱼保罗更是被人们认为有超高的预言能力，许多人寻求章鱼保罗为自己预言未来。

章鱼保罗

章鱼虽然长得丑，但是与其他无脊椎动物相比，它却有着逆天的超高智力。而章鱼保罗的出现，也展现了章鱼让人难以理解的预言能力。它曾经在南非足球世界杯上"成功预测"了德国队战胜澳大利亚队、塞尔维亚队输给加纳队的小组赛赛果。水族馆的工作人员把贝壳分别放入印有德、阿旗帜的玻璃缸，与对英格兰队比赛前最快取出德国那枚贝壳不同，章鱼保罗对德国和阿根廷的对决有些"犹豫不决"，考虑了长达一小时最终还是取出了印有德国旗帜的贝壳。

保罗效应

神奇的章鱼保罗预测了世界杯决赛中，西班牙队将击败荷兰队赢得世界杯之后，大量的彩民们也纷纷跟风。据一位博彩公司人员透露，下注在西班牙队身上的彩民人数在急剧增加。"现在，'保罗效应'已获得了彩民们的广泛认可，大量的彩民们根据这只章鱼的裁决而押下自己的赌注。"

章鱼保罗是谁

2008年1月26日，章鱼保罗出生在英国多赛特，后来它被送到德国，一直在德国的一家海洋馆里生活。它参与了2008年欧洲杯足球赛和2010年世界杯足球赛的预测。在它预测的14场比赛中，保罗正确预测了其中13场比赛的结果，仅猜错了2008年欧洲杯足球赛决赛的结果。那时，保罗认为德国队将击败西班牙队夺冠，结果恰恰相反。基于保罗在预测上的出色成绩，人们把它当成了大明星。2010年10月25日，章鱼保罗死亡，寿命为两岁半。

海洋探秘系列 章鱼探秘

Part 6 关于章鱼的趣闻

保罗二世

2012年11月4日，保罗二世正式在德国奥博豪森水族馆亮相。在南非世界杯大红大紫的章鱼保罗去世后，这只出生在法国的保罗二世被大家寄予了厚望。保罗二世只有5个月大，个头看起来比"老保罗"小很多。德国奥博豪森水族馆发言人坦雅·门齐格说："我们还不知道小保罗是否已经有了预测的本事，我们将亲眼见证。"

奇闻轶事

2010年7月6日，章鱼保罗在预测前，有人分析说，半决赛德国队对西班牙队，如果让章鱼选，德国队一点儿机会都没有。因为西班牙队的国旗是3只大虾加一只螃蟹。结果，章鱼保罗确实选择了西班牙队。但这并不能解释2008年欧洲杯，章鱼保罗放弃西班牙队，选择德国队的原因。

章鱼保罗预言的秘密

有人分析，章鱼保罗如果能够分辨出颜色，那么德国国旗是黑色、红色、黄色，这是章鱼最喜欢的食物的颜色，看起来就像躲在黑暗中的两只大虾，它肯定首选进攻这样的目标。澳大利亚的国旗是深蓝色加白色米字，章鱼认为食物太小而不会选择，所以澳大利亚队输。而塞尔维亚的国旗不但有一只红色的虾，还有一只红色的螃蟹，章鱼认为更有吸引力，所以没选德国队，德国队输了。按理说，加纳的国旗与德国的国旗有相似的地方，但恰恰因为那个五星，让章鱼认为有杂质或危险，反而选择德国队，所以加纳队小负德国队。实际上，所谓的保罗预言不过是人们娱乐的另外一种方式吧。

章鱼保罗的游戏

有一家阿根廷公司开发了一个小游戏，以发泄本国球迷对保罗的不满之情。此款游戏是一个简单的 Flash 游戏，游戏中的章鱼保罗转动着眼珠看着游戏者，它的头上戴着一顶绿帽子，帽子上还印着德国的黑、红、黄三色国旗。而游戏者可以通过鼠标控制红色的拳击手套，通过鼠标点击便可以打击保罗的任何部位。网友的反应非常好，因为有人就喜欢狂点鼠标，只为看到保罗遭到一顿暴打之后的惨状。

Part 6 关于章鱼的趣闻

海洋探秘系列 章鱼探秘

新西兰水族馆的明星

新西兰国家水族馆的明星章鱼 Inky 完成了一次史诗级的越狱。只因为缸盖很意外地留了一个缝隙，Inky 抓住这个时机开启了一段向自由的狂奔。它钻出水缸，滚过地板，然后沿着 50 米长的排水管逃回了大海。水族馆员工说它是一只"异常聪明"的章鱼，很友好，充满好奇，是水族馆里的大明星。

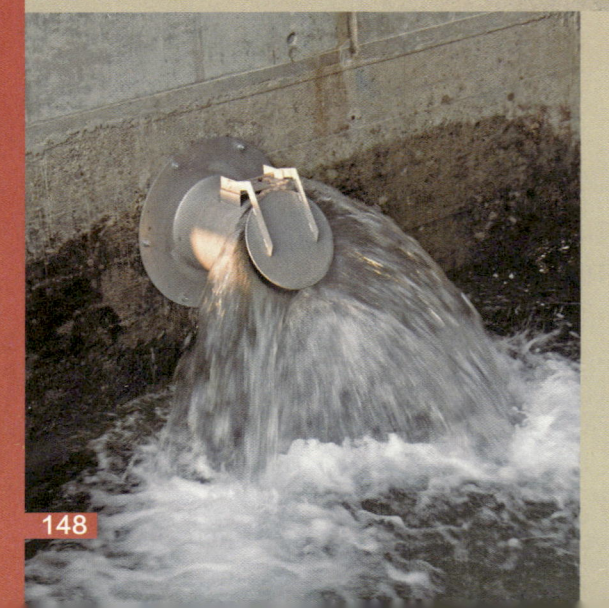

堪比《越狱》情节

水族馆员工相信这场堪比《越狱》情节的越狱发生在午夜，那时水族馆里没有人，Inky 沿着玻璃边缘爬上去，再顺着水缸壁下来，穿越了水族馆的地板，在地板上滑行了三四米之后，突然看到了自由在向它招手，那是一条直接通往大海的排水管。这条管道有 50 米长，连接霍克湾的开放海域。这样的情节跟电影情节十分相似，令人惊奇。

《海绵宝宝》之章鱼哥

章鱼哥是美国动画片《海绵宝宝》中的动画角色。它有一只大鼻子和秃脑门。章鱼哥认为海绵宝宝和派大星很幼稚，讨厌海绵宝宝和派大星，尤其是海绵宝宝，在他们面前往往显得很冷淡，对海绵宝宝的笑声特别敏感，但偶尔会对海绵宝宝表达认同。章鱼哥的魅力是它的冷幽默。与章鱼哥具有相似特征的人物有斯内普教授、哈尔迪尔、杰克船长等。

开动脑筋

1. 章鱼保罗是怎样成为明星的？
2. 人们为什么会把章鱼视作明星？请做出自己的分析。
3. 影视剧里的章鱼形象为什么总是邪恶的？说说你的看法。

章鱼博士

电影《蜘蛛侠》里曾经有一位章鱼博士，他扮演的是一个邪恶角色。可见在人们的意识里，即便把蜘蛛当作正义的化身，也不肯给章鱼一个正面形象。反而在邪恶角色的选择上，章鱼却当仁不让地成为首选。

参考答案：
1. 预测了世界杯。
2. 十场世界杯预测，猜对了13场。
3. 长有八爪。

海洋探秘

深海探秘	企鹅探秘	水母探秘	台风探秘	鲨鱼探秘
SHENHAI TANMI	QI'E TANMI	SHUIMU TANMI	TAIFENG TANMI	SHAYU TANMI

潜水探秘	极地探秘	章鱼探秘	观赏鱼探秘	鲸探秘
QIANSHUI TANMI	JIDI TANMI	ZHANGYU TANMI	GUANSHANGYU TANMI	JING TANMI